Peter Burkhardt

Ein Jahr im Rotwildrevier

Ein Dankeschön

Selbst so ein kleines Büchlein gelingt nicht ohne helfende Hände: Den Lektor, die kritischen Manuskript-Leser, die Produktion und viele andere mehr.

Es gelingt schon gar nicht ohne all' diejenigen, die – weit im Vorfeld der in diesem Jahr geborenen Idee, ein Buch über das Rotwild zu verfassen – mich im Jagen unterwiesen haben und durch ihre Ansichten meinen heutigen Umgang mit dem (Rot-)Wild maßgeblich geprägt haben. Hierfür danke ich insbesondere Fritz Koops, Ulrich Herbst und Reinhard Behn.

Bei den Manuskript-Lesern gilt mein Dank insbesondere Sabine und Peter Pabel, Göhrde, sowie Sabine und Gebhard Schüssler, Plumbohm, die sich kritisch (und bestimmt nicht immer meiner Meinung) die Zeit nahmen, meine Entwürfe zu lesen. Ich erfuhr von ihnen viele Anregungen, andere Ansichten sowie erweiternde Gedanken.

Nicht zu vergessen ist „die Abwicklung" im Verlagshaus. Hier möchte ich mich bei Claudia König und Andreas David, der dieses Werk als Lektor begleitet hat, bedanken.

Ein so kleines Manuskript jemandem zu widmen, erscheint mir vermessen. Ich möchte es daher anders formulieren: Ich danke meiner Familie: Katrin, Jonas und Timo – ich habe die große Freude, mit ihnen zusammen zu jagen, und ich nehme von ihnen immer wieder neue Impulse und Ideen auf.

Peter Burkhardt

Ein Jahr im Rotwildrevier

Jagdpraxis
und
Hege

Müller Rüschlikon

Impressum

Einbandgestaltung: Luis dos Santos

Titelbild: Peter Burkhardt

Bildnachweis: Alle Bilder und Grafiken vom Verfasser, wenn nicht anders gekennzeichnet.

ISBN 978-3-275-01792-8

Postfach 103743, 70032 Stuttgart
Ein Unternehmen der Paul Pietsch Verlage GmbH & Co. KG
Lizenznehmer der Bucheli Verlags AG, Baarerstr. 43, CH-6304 Zug

1. Auflage 2011

Sie finden uns im Internet unter www.mueller-rueschlikon-verlag.de.

Lektorat: Andreas David
Innengestaltung: Die Text- & Bildmanufaktur, www.tubm.de
Druck und Bindung: Graspo CZ, 76302 Zlin
Printed in Czech Republic

Inhalt

Vorwort

Wildbiologische Abhandlungen, Monografien und Jagderlebnisbücher über das Rotwild gibt es genug. Dieses Buch geht einen anderen Weg. Hier wird nicht die Zahnformel des Rotwildes erläutert. Hier geht es auch nicht um Wildbrücken oder den Bau einer Rotwildfütterung.

In diesem Werk begleiten wir das Rotwild im Jahresverlauf in verschiedenen Revieren. Dabei wird seine Lebensweise betrachtet, sein Verhalten in einer land- und forstwirtschaftlich geprägten (Kultur-)Landschaft beobachtet und zudem sein Wechselspiel mit den ihn umgebenden Menschen beleuchtet: Reitern, Jägern, Harvesterfahrern, Spaziergängern ...

Gleichzeitig ist dieses Werk ein Spiegelbild der Jagdpraxis im Laufe eines Jahres. Einem Revierkalender gleich, werden Jagd und Hege aufgezeichnet, begleitet von Diskursen zu aktuellen Themen. „Rotwildjagd und Hege heute" ist das Thema, ganz praktisch und in verständlichen Worten beschrieben.

Doch gerade in der heutigen Zeit spielen viele, teils politische Fragen, tief in diese Praxis hinein: Wo steht das Rotwild gegenwärtig in der Wahrnehmung der Menschen? Wie denken Förster und Jäger über diese Wildart? Welche Jagdmethoden sind wildgerecht? Sind Güteklassen noch zeitgemäß? Haben wir zuviel Wild im Wald? Dies sind nur einige der Themen, die auch den Praktiker in einem Rotwildrevier im Laufe eines Jahres bewegen.

Abschließend noch eine Entschuldigung: Ich bin mir völlig im Klaren, dass es mittlerweile viele jagende Frauen gibt – nicht zu Letzt meine eigene Frau –, was ich sehr begrüße. Trotzdem bitte ich die Damen um Verständnis, wenn in diesem Buch nur von Jägern die Rede ist. Alle Jägerinnen sind selbstverständlich ebenso gemeint.

Peter Burkhardt

Rucksmoor, zu Brunftbeginn
im Jahr 2011

Am Morgen zurück aus dem Feld. Foto: Katrin Burkhardt

Das „Muster-Revier“

Die Themen dieses Buches sind geprägt von 25 Jahren Jagd in Rotwildrevieren, zu denen riesengroße Areale gehörten, aber auch 75-Hektar-Reviere. Allein über 20 Jahre jagdliche Erfahrungen auf Truppenübungsplätzen schlagen hier im doppelten Sinne zu Buche. Ebenso konnte ich Erkenntnisse aus Revieren der Niedersächsischen Landesforstverwaltung und großer privater Forstverwaltungen, in denen ich seit langem jage, einfließen lassen.

Wichtig war mir, das Erlebte für jeden verständlich und nachvollziehbar aufzuschreiben. Immer wieder lese ich Berichte in Jagdmagazinen und Forstzeitschriften, die bei einem „Otto-Normal-Jäger“ nur ein großes Fragezeichen auslösen. Denn sie sind schwerlich auf die überwiegend anzutreffenden Revierverhältnisse übertragbar. Wer hat schon über 30.000 Hektar zur Verfügung, wessen Revier ist auch „nur“ 2.000 Hektar groß? Wer als normaler Pächter oder Begehungsscheininhaber über 400 Hektar verfügt, hat mancherorts schon ein „großes“ Revier.

Im Laufe der Jahre wurden die Rotwildreviere, durch Flächenstrukturen und Pachtpreise bedingt, (leider) immer kleiner. Das ist dieser Wildart nicht zuträglich, aber es ist ein unumstößlicher Fakt.

Zahlreiche Jagdeinladungen und verschiedene Revierberatungen in „normalen“ Eigenjagd- und Pachtrevieren brachten mir unterschiedliche Einblicke in die Ansichten, Jagdmethoden und -strategien der dortigen Jäger. Sie hatten und haben mit anderen Problemen zu tun, als die Forstpartie oder die Großgrundbesitzer.

Wie aber lässt sich das in Großrevieren Bewährte auf die kleinparzelligen Reviere übertragen? Funktioniert eine Ruhezone auch, wenn sie nur 30 Hektar groß ist? Kann ich auf einer kleinen Fläche den Jagddruck mindern? Führt eine Intervalljagd in einem 200-Hektar-Revier auch zum Ziel?

Um diese Fragen zu klären und um eine Entwicklung aufzeigen zu können, bediene ich mich in diesem Buch eines „Muster-Revieres". Die andernorts von mir betreuten oder besuchten Reviere baten darum, nicht so detailliert beschrieben zu werden, wie es für ein Buchprojekt wie dieses angezeigt wäre. Daher habe ich einen unserer eigenen Jagdbezirke in den Vordergrund der Betrachtungen gestellt.

Lediglich 239 Hektar

Kern dieses Buches ist somit ein real existierendes Revier von 239 Hektar in Niedersachsen. Es dient uns als das angesprochene „Muster-Revier", nicht weil es mustergültig ist, sondern weil es der jagdlichen Lebenswirklichkeit der meisten Rotwildreviere tatsächlich entspricht.

Meine Familie und ich betreuen diese Fläche seit sieben Jahren und entwickeln diese – mit allen Erfolgen und Misserfolgen – nach und nach weiter. Dieses reine Waldrevier, dessen Zuschnitt unten auf dieser Seite zu sehen ist, wird Ihnen in vielen Abbildungen wieder begegnen. Hier erleben Sie mit uns „ein Jahr im Rotwildrevier".

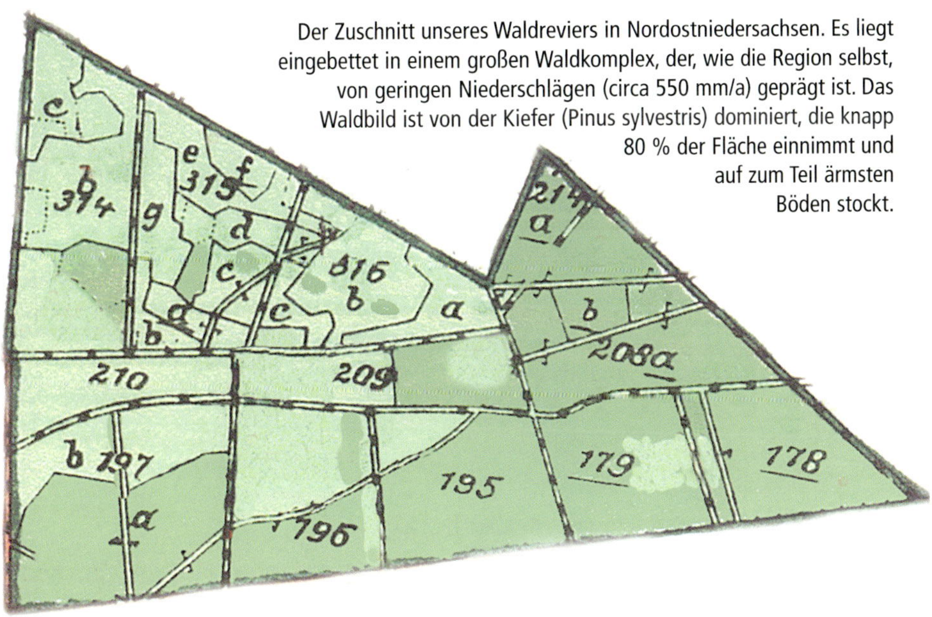

Der Zuschnitt unseres Waldreviers in Nordostniedersachsen. Es liegt eingebettet in einem großen Waldkomplex, der, wie die Region selbst, von geringen Niederschlägen (circa 550 mm/a) geprägt ist. Das Waldbild ist von der Kiefer (Pinus sylvestris) dominiert, die knapp 80 % der Fläche einnimmt und auf zum Teil ärmsten Böden stockt.

Rotspießer zwischen monotonem Wald (Pinus sylvestris) und Grassteppe (Calamagrostis und andere). Foto: Dr. Thomas Wiemer

Ein optimaler Rotwild-Lebensraum sieht sicherlich anders aus. Der eingeleitete Waldumbau – mehr Licht auf dem Boden/das Einbringen von Laubholz ect. – wird die Situation verbessern. Doch der Prozess dauert noch Jahre.

Die Lage unseres Reviers im Flachland ist der Umstand geschuldet, dass in diesem Werk nicht die besonderen Verhältnisse alpiner Reviere abgehandelt werden können. Wintergatter und Paragliding findet man hier nicht. Da es sich um ein reines Waldrevier handelt, fallen auch die Besonderheiten gemischter Feld-Wald-Reviere weg, in denen sich die Jäger um die Verhinderung von Wildschäden an Feldfrüchten kümmern müssen. Dennoch lassen sich durchaus selbst auf andernorts gelegene, gänzliche andere Reviere, verschiedene Details, die angesprochen werden, übertragen.

Sand, Kiefern, Straßen

Warum erscheint unser „Muster-Revier“ für ein Rotwildbuch überhaupt geeignet?

Aus Sicht des (Rotwild-)Jägers bietet es verschiedene Herausforderungen. Einerseits gibt es hier vier Schalenwildarten: Rot-, Dam-, Schwarz- und Rehwild. Andererseits sind der Standort auf sandigen Böden, nahezu kein Vorkommen von Laubholz, deckungsarme Kiefernwälder und das weitestgehende Fehlen jedwedem Wassers alles andere als das Rotwild begünstigende Faktoren. Außerdem liegt es in einer touristisch viel besuchten Region und ist zudem auf zwei Seiten direkt von gut befahrenen Straßen eingefasst.

Mit diesen nicht gerade besten Voraussetzungen standen wir am Anfang vor großen, aber oft eben auch alltäglichen Problemen eines Revierinhabers/Pächters/Begehungsscheininhabers, wie man sie überall anders immer wieder finden kann.

Begleiten Sie uns durch ein Jahr in diesem Rotwildrevier.

Willkommen in „Falkenmoor Nord"!

Im Bildhintergrund rechts: Douglasienvoranbau (Pseudotsuga menziesii) unterm Kiefernschirm (Pinus sylvestris) nach Einsatz eines Pflanzpfluges. Im Hintergrund links eines der zahlreichen, circa halbhektar großen Laubholzgatter. Im Vordergrund ein Testsitz, mit dem wir aktuell ausloten, ob sich an dieser Stelle dauerhaft eine Ansitzeinrichtung für uns lohnen könnte.

Der Jagdmonat April

Der April wartet für mich wieder mit reichlich „Papierkram" auf. Unsere Abschusspläne werden durchgesehen und wir unterstützen auch andere Revierinhabern bei deren Planung, Termine werden festgelegt, die Jagdgastlisten erstellt. Saatgut trifft ein und Bewirtschaftungspläne werden auf die Bahn gebracht. Im eigenen Beritt vor der Haustüre werden zudem die Reviereinrichtungen einer Kontrolle unterzogen, gegebenenfalls werden sie erneuert oder umgestellt – der April ist ein Inventurmonat.

Schon in diesem Monat nimmt uns, auch im Rotwildrevier, das Rehwild gefangen. Capreolus c. ist jetzt fast den ganzen Tag auf Äsungssuche, die Sprünge lösen sich auf und die älteren Böcke beginnen, ihre Territorien zu besetzen.

Während unsere Rehe von großer Mobilität erfasst werden, herrscht beim Rot- und Damwild Ruhe und Gelassenheit. Die Tiere haben noch lange nicht gesetzt, die Spießer werfen noch oder schon ab und die älteren Herren sind mit Zellteilung beschäftigt: Die Hirsche schieben jetzt mit Macht ihr Kolbengeweih. Rangstreitereien, wenn sie denn überhaupt in dieser Zeit großer Gelassenheit vorkommen, werden mit den Vorderläufen ausgetragen. Für einige ältere Hirsche ist selbst das zu viel: Allein, mit einem Adjutanten oder in sehr kleinen Verbänden, sondern sie sich ab. In den ruhigen Ecken des Reviers versuchen sie, die Folgen des Winters auszugleichen und äsen, was der Pansen gerade noch fasst. Jetzt muss ein Großteil der Energie „über sein" und vom Körper selbst nicht gebraucht werden, damit der Hirsch sie in das „Luxusorgan Geweih" einlagern kann. Für uns zeigt die Geweihentwicklung und -stärke, wie es um die Versorgungslage des Wildes im Revier bestellt ist (mehr nicht!).

Auch unser Schwarzwild zerfällt in diesem Monat in eine Dreiklassen-Gesellschaft: Viele Bachen haben gefrischt und sich wieder mit ihren

Frischlingen zu Familienrotten zusammengeschlossen. Auch die Überläufer des letzten Jahres dürfen die Mutter nun wieder begleiten. Andere Überläufer bilden hingegen jetzt mit ihresgleichen eigene kleine Verbände. Sie ziehen unstet und führungslos umher. Die Dreiklassen-Gesellschaft komplettieren die alten Keiler, besser älteren Keiler, denn richtig alte Bassen gibt es nur sehr selten. Diese scheinbar ganzjährig mürrischen Senioren holen derzeit auf, was Rauschzeit und Winter ihnen abverlangt haben.

Ob Reh-, Rot- oder Damwild: Raus aus den Beständen, Sonne tanken und äsen.

Setz- und Brutzeiten, das erste richtige Grün

Die Frischlinge haben den Anfang gemacht. Inzwischen verwandelt sich das Revier immer mehr in eine große Kinderstube. Gegen Monatsmitte sehen wir die ersten Jungfüchse, der nächste Monat wird uns Rehkitze und die ersten Rotkälber bringen. Die Natur nimmt ihren Lauf.

Parallel erscheint das erste flächendeckende Grün im Wald. Das Beerkraut bekommt jetzt „giftig"-grüne Blätter und bringt Farbe in den Wald. Wo Wegränder, Blößen und Lichtungen dem Licht ausgesetzt sind, finden sich in manchen Revieren blühende Schlehen und Ginster. Birken treiben aus und die Lärchenblüte steht an. Die Tage sind spürbar länger geworden und der Wind wird wärmerer. Ob wir auch in diesem Jahr wieder lange auf Regen warten müssen?

Nicht nur Spechte hämmern – Jäger auch

Horcht man im April in die Reviere hinein, hört man vielerorts eifriges Hämmern und Sägen – der April ist und bleibt einer der Bastelmonate der Jäger. Jetzt ist die Gelegenheit, Reviereinrichtungen zu überarbei-

Einer der erfolgreichsten Sitze im Revier, Jonas' Eck, nach seinem Planer benannt. Wie dieses Beispiel belegt, versuchen wir, unsere Ansitzeinrichtungen aus der Optik des Schalenwildes herauszunehmen.

ten oder neue zu errichten. In unserem Revier sind wir diesbezüglich schon gut aufgestellt. Überall bleibt Zeit, hier zu reparieren und dort frisch zu verblenden, sich über den Zustand der Pirschpfade und neue Testsitze Gedanken zu machen.

Auch unsere Revierinventur dient im April dazu, neue Ansitzmöglichkeiten auszuloten. Es lohnt sich häufig nicht, gleich eine Kanzel zu bauen. Wir helfen uns zunächst mit (Tarnnetz-)Schirmen und einfachen Anlehn-Leitern weiter. Bewähren sich die Orte, die wir ausgesucht haben, denken wir über einen Ausbau nach. Mit den neuen Reviereinrichtungen reagieren wir auch flexibel auf Veränderungen im Wald. Die im letzten Herbst entstandene, neue Windwurfblöße, auf der Douglasien nachgepflanzt wurden, wird nun von uns mit „Patronensaat" unterstützt. Die Leiter an der mittlerweile hoch gewachsenen Dickung wird um 50 Meter verrückt.

Alle unsere Ansitzeinrichtungen haben eines gemeinsam: wir nehmen sie so weit wie möglich aus der Optik raus! Wo immer es geht, möchten wir erreichen, dass unsere Reviereinrichtungen kaum oder gar nicht zu sehen sind – insbesondere nicht für das Schalenwild.

Sind Sommer-Äsungsflächen denn notwendig?

Viele Reviere planen jetzt die Anlage von Sommer-Äsungsflächen. Ist das überhaupt notwendig?

In manchen Waldrevieren – unser Revier ist ein gutes Beispiel dafür – fällt es dem Wild selbst im Frühjahr und Sommer schwer, ausreichend Nahrung zu finden. In Absprache mit dem Grundeigentümer versuchen wir also, Flächen für die Sommeräsung zu finden. Können auf Holzlagerplätzen Einsaaten vorgenommen werden? Gibt es Waldwege, die weiter aufgelichtet und verbreitert werden können, so dass mehr Licht auf den Boden gelangt und der liebe Gott Kräuter und Sträucher wachsen lassen kann? Wie stellen sich die vorhandenen Äsungsflächen dar? Hier muss Kalk ausgebracht werden, dort stünde wieder eine Neuansaat an. Von wegen starrer Wald – alles ist im Fluss.

Eine Begehung mit dem zuständigen Revierbeamten brachte ein erfreuliches Erlebnis: Wir kamen überein, dass eines der Gatter schon abgebaut werden könnte. Wieder eine Fläche mehr Lebensraum für das Wild! Seine Zustimmung verknüpfte der Förster allerdings umgehend mit einem „Überwachungsauftrag“. Diese „Mehrbelastung“ kompensierten wir wiederum, indem wir den Mann selbst, nebst seinen Sprösslingen, zur Jagd bitten ...

Unser Dialog geht weiter: Wo erscheint dieses Jahr der Harvester, wo wird der Forwarder das Holz zur Abfuhr bereitstellen? Sind Pflanzmaßnahmen in Planung? Welche Verbissschutz-Maßnahmen stehen an? Wo wird neu ausgezeichnet?

Es gibt viel zu tun in diesem Monat. Jetzt stellen wir entscheidende Weichen für den Rest des Jahres. Die zu späte Festlegung von Jagdterminen, übersehene Mängel an Reviereinrichtungen – viele Versäumnisse lassen sich später nur noch schwer oder gar nicht mehr aufholen.

Eine andere bedeutende Weichenstellung, die ansonsten kaum noch aufholbar wäre, ist die angesprochene Pflege und Neuanlage unserer Äsungsflächen. Diese Themen beschäftigen uns zentral im April.

Wildackerpremieren im Hochwildrevier

Wir wollen die Äsung unseres Wildes im Wald verbessern, haben aber nur kleine Äsungsflächen zur Verfügung. Wir möchten gerne einige dieser Flächen neu anlegen, besitzen aber selber kein landwirtschaftliches Gerät. Wir wissen zu wenig über Pflanzenarten und deren Düngung, möchten aber eine reiche Vielfalt an Pflanzen möglichst lange erhalten. Zu guter Letzt sollen die Maßnahmen noch kostengünstig sein. Wie sind diese Wünsche realistisch zu verwirklichen?

Das Jagdjahr hat gerade erst begonnen, die Zeit scheint aber schon wieder zu fliegen, hatten wir nicht eben noch Januar? Obwohl es erst April ist, muss ich einfach einmal raus und setze mich an eine der Äsungsflächen. Nun sitze ich – wenn auch etwas klamm – früh morgens auf meiner Ansitzleiter und lasse meinen Blick über den Grünstreifen schweifen. Dabei muss ich an den Start in diesem Revier denken. Wie hat es sich in den letzten Jahren entwickelt, wie hatten unsere Planungen vor ein paar Jahren begonnen?

Es fing mit einer Bestandsaufnahme ebenfalls im April an. Nach der Begutachtung beschlossen wir mutig, auf diesen sehr armen, sandigen Böden eine Neuanlage von Wildäckern zu wagen. Als ein Experiment sollten unter anderem Waldstaudenroggen, (Schwarz-)Hafer sowie Buchweizen und verschiedene Kleearten eingesät werden. Eine unserer Ideen war es, Sommerwildäcker zu schaffen, um das Wild ganzjährig an das Revier zu binden, und Freiflächen anzulegen, auf denen die Tiere in Ruhe verweilen können. Wir hofften auch auf diese Weise, Rot-, Dam- und Rehwild von den Bäumen abzulenken, um Wildschäden zu minimieren.

Mosaikartig verteilen

Bei der Neuanlage der Äsungsflächen wurde darauf geachtet, dass

Schritt 1: Suchen Sie sich geeignete Flächen im Revier, um Äsungsstreifen anzulegen. Planen Sie ein Mosaik. Testen Sie – wie hier zu sehen – auch scheinbar weniger taugliche Flächen an Wegen oder Holzlagerplätzen. Achten Sie auf ausreichende Sonneneinstrahlung um die Mittagszeit.

sie mosaikartig über das Revier verteilt sind. Viele befinden sich heute in der Nähe der Wildeinstände und werden gar nicht bejagt. Hier kann das Wild immer wieder in Ruhe zum Äsen austreten, ohne gleich unter Feuer zu stehen.

Zurück zu meinem morgendlichen Ansitz: Ein junger Rothirsch zieht auf den Wildacker. Ich nehme langsam das Glas hoch und sehe, dass sich sein Geweih gut im Schieben befindet. Ich denke gerade über den gedeckten Rückzug nach, als auch noch ein kleines Damkahlwild-Rudel auf die Fläche tritt. Als der Hirsch wieder das Haupt unten hat und das Damwild von mir wegzieht, baume ich leise ab und pirsche zum Auto zurück. Meine morgendlichen Gedanken über die Wildäcker lassen mich nicht los. Ich suche aus dem Handschuhfach die große Revierkarte heraus. Können wir bei uns vielleicht noch etwas ergänzen?

Unser erstes Ziel haben wir erreicht: Mittlerweile wurden fast zwei Prozent der Wald- beziehungsweise Revierfläche in Wildäcker oder Dauergrünland umgewandelt. Nach zunächst nur zwei Flächen bei Übernahme des Reviers, finden sich jetzt aktuell über zehn Äsungsangebote für das Wild.

Wir hätten diese Maßnahmen zur Äsungsverbesserung niemals allein bewältigen können. Vieles wollten

Schritt 2: Je nach Bodenbeschaffenheit, Wurzelwerk und Lage der Fläche, wurde gepflügt oder geeggt. In den Folgejahren wurde stellenweise nur noch leicht gefräst.

Schritt 3: Danach gibt es auf Waldböden nur noch eines: Dünger, Dünger, Dünger. Allein schon die Bodenbearbeitung führt zu Zersetzungsprozessen und zehrt Nährstoffe. Bei uns steht Thomaskali in der „Dünger-Hitliste" ganz oben.

wir selber machen – einfach, weil es Spaß macht, im eigenen Revier zu arbeiten. Doch wir mussten schließlich doch auf kompetente Hilfe zurückgreifen, da wir uns in all' den Büchern und Beiträgen der Jagdfachpresse – in denen diverse Verfasser in interessanten Artikeln nur so mit Pflanzenarten, Bodentypen und Düngevorschlägen um sich warfen – regelrecht verloren.

Lesen, Lernen, Landwirte

Wie sollte der erste Schritt aussehen? Wir halfen uns nach umfassender Lektüre zunächst mit der Suche nach einem guten Berater. Unser Tipp: Jeder Revierinhaber ist gut beraten, sich einen Wildackerlandwirt auszuspähen, der sich alljährlich um die Anlage und die Pflege der Wildäsungsflächen kümmert. Dieser Agronom kennt bald nicht nur die Gegebenheiten vor Ort, sondern auch die Wünsche des Jagdherrn und ist so in der Lage, auf Zuruf zu arbeiten. Viele Absprachen erübrigen sich, lästige und immer neue Preisverhandlungen ebenso.

In unserem Waldrevier kennt unser Wildackerlandwirt jeden Streifen, den er einsäen soll. Im April beginnt er automatisch damit, Wildäcker, die erneut eingesät werden sollen,

Schritt 4: Saatgut in der Frontschaufel, die Amazone dahinter. Letztere wird vor jedem Äsungsstreifen neu befüllt. So verhindern wir, dass sich im Zuge der ruckeligen Revierfahrt das Saatgut entmischt.

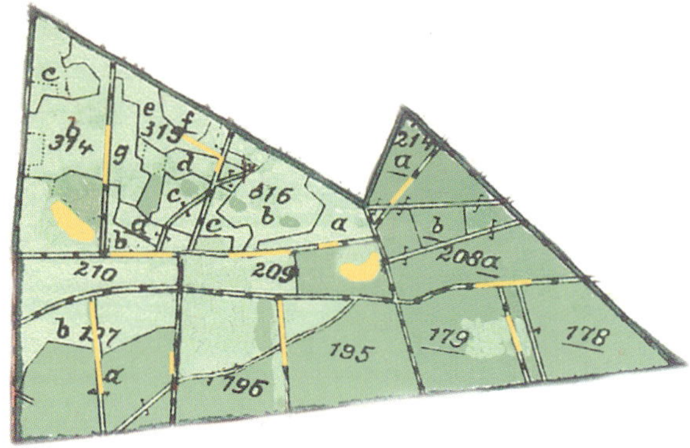

Schritt 5: Verteilung der Äsungsflächen im Revier (gelbe Markierungen). Je nach Bewirtschaftung seitens der Forstverwaltung, fallen temporär Flächen weg oder es kommen andere hinzu. Das Gros hat aber seit Jahren Bestand.

umzubrechen und anzulegen. Da wir mehrjährige Mischungen einsetzen, ist dies allerdings nicht auf ganzer Fläche und jedes Jahr nötig. Im März hat er bereits die Wildwiesen gedüngt. Mitte des Jahres kümmert er sich – nur wenn Bedarf besteht – noch einmal um die Wildäcker. Die einzelnen Pflanzenmischungen und das Düngerprofil sind inzwischen bekannt, der Zeitaufwand und die (Fahr-)Wege ebenfalls.

Wildwiesen statt Wildäcker

Das große Erfahrungspotenzial, das Revierinhaber und Landwirt mit der Zeit gewinnen, ist unbezahlbar. Beide wissen mittlerweile sehr gut, welche Wildackermischungen erfolgreich gedeihen und welche nicht. Je nach Bodenbeschaffenheit ist das selbst innerhalb unseres Revieres großen Schwankungen unterworfen. Zudem können Jäger und Bauer gemeinsam neue Strategien entwickeln. Das neueste Produkt unserer Kooperation ist die Umwandlung von Wildäckern in Wildwiesen. Jeder Versuch, an einigen Stellen einen Wildacker hochzubringen, scheiterte an der Gier des Wildes. Trotzdem kommt eines für uns nie in Frage: Äsungsflächen zu zäunen! Bitte nicht noch mehr Zäune im Wald. Nun wächst auf einigen Flächen ein Klee-

Gras-Gemisch, das kostengünstig im Landhandel erworben werden kann. Es handelt sich um eine bereits fertige Brachemischung, die lediglich um einige wenige Pflanzenarten ergänzt wurde. Diese Kombination passt meines Erachtens besser in einen Wald, als exotische Feldfrüchte. Immer wieder werden wir angesprochen, welche Pflanzen sich in unserem Revier, das ausgesprochen wildreich ist, aber schlechte Böden aufweist, bewähren. Darauf können wir keine allgemein gültige Antwort geben, denn es gibt einfach keine „Allround-Mischung", da die Standorte und Bedingungen nirgendwo gleich sind. Einiges kann man aber zusammenfassend sagen:

1.) Lesen Sie sich – so gut es geht – schlau. Es kann nicht schaden, über

Die Düngung in der Jagdpraxis – Liebigs Raubbautheorie

Der deutsche Chemiker Justus von Liebig (1803–1873) fand im 19. Jahrhundert heraus, dass das Wachstum der Pflanzen unmittelbar vom Angebot an Mineralsalzen abhängt. Liebig begründete die „Agrikulturchemische Mineralstofftheorie" und wurde so zum Vater der künstlichen Düngung von Pflanzen. Er vertrat die Ansicht, dass man dem Boden jene Stoffe wieder zurückgeben sollte, die man ihm durch die Ernte entzogen hatte. In seiner so genannten Raubbautheorie entwickelte er den Gedanken, den Boden auf künstliche Weise zu düngen. Will der Heger eine Wildäsungsfläche anlegen, so steht er – noch vor der Wahl der Pflanzenarten – vor der Frage, wie es um seinen Boden/seine Böden beschaffen ist, die er für Wildäcker oder Dauergrünland vorgesehen hat. Echte Hilfe bei der Planung bieten nur Bodenproben. Folgendes empfiehlt der Verband Deutscher Landwirtschaftlicher Untersuchungs- und Forschungsanstalten (VDLUFA) hinsichtlich einer Bodenprobennahme:

Zeitpunkt: Proben im Herbst bis ins Frühjahr ziehen. Bei vorher bereits bewirtschafteten Flächen nach der Ernte, jedoch nicht unmittelbar nach einer Düngung. Geräte für die Probennahme: Spaten, Löffel oder Bodenprobennehmer (gibt es zum Ausleihen im Landhandel), Eimer, sauberer Plastikbeutel oder LUFA-Kästchen und Tüten, wasserfester Stift zum Beschriften der Probenbehälter. Entnahme der Probe: Pro Hektar etwa 12 Einzelproben nehmen (kreuz und quer, von einer Ecke zur anderen): mit dem Spaten auf gewünschte Tiefe in den Boden einstechen und Erdscholle ausheben (Wildäcker: 30 cm, Wildwiesen: 10–15 cm). Im Erdloch mit dem Löffel an der geraden Schnittfläche von unten nach oben gleichmäßig viel Erde abschaben, oder die Erde vom Aushub gleichmäßig von unten nach oben abnehmen. Noch einfacher geht die Bodenentnahme mit dem Probennehmer. Einzelproben einer Fläche in einem Eimer sammeln und vermischen. Etwa 500 Gramm dieser Erdmischung werden dann verpackt und beschriftet (Name und Bezeichnung der Fläche). Versand: Geben Sie die Proben und Begleitunterlagen im Landhandel ab oder schicken Sie diese an eine LUFA in Ihrer Nähe. Adressen und Kosten sowie Auskunft erhalten Sie unter: www.VDLUFA.de.

verschiedene Ihrer Wildackerpflanzen Bescheid zu wissen. Auch die Kenntnis über diverse Dünger ist von Vorteil. Selbstverständlich sollten Sie sich mit den Preisen des örtlichen Maschinenringes vertraut machen und dann bei verschiedenen (!) Bauern anfragen.

2.) Legen Sie keine neuen Monokulturen an – davon haben wir (und vor allem das Wild) – schon genug. Verzetteln Sie sich umgekehrt nicht in komplexen Mischungen, die nur kompliziert anzubauen (Saatbett-Tiefen, Aussaatzeitpunkte) und schwer zu düngen sind. Starten Sie mit einigen wenigen Arten.

3.) Der Begriff Äsungsverbesserung wird viel zu oft nur mit dem Winter verbunden. Doch gerade im Sommer haben Äsungshilfen durchaus eine wichtige Funktion. In einem monotonen Nadel- oder Buchenwald kann auch im Sommer Mangel herrschen!

4.) Teilen Sie Ihre Äsungsflächen in Äcker, die dem Wild im Winter zur Verfügung stehen, und andere, die das Wild im Sommer unterstützen sollen. Es gibt keine „Generell-für-alles-Wilduniversal-Ganzjahresmischung". Jeder Ganzjahresreifen ist ein Kompromiss, jeder Ganzjahreswildacker genauso. Hier helfen mehrjährige Lösungen und wechselseitige Bestellung, um Kosten zu senken.

Beispiel für einen ideal gelegenen Äsungs- und Aufenthaltsstreifen. Aufnahme aus einem Revier im Hunsrück.

5.) Es müssen keineswegs immer Wildäcker sein: Wildwiesen/Dauergrünland sind manchmal viel sinnvoller – und ökologisch weitaus passender. Fragen Sie beim Landhandel oder bei Versendern nach günstigen Mischungen für Brachen oder Pferdeweiden. Ergänzen Sie diese, wenn es Ihnen notwendig erscheint. Vermeiden Sie dabei exotische Beigaben, die zwar einerseits Wild anziehen, andererseits aber kaum auswachsen können, da sie sofort komplett abgeäst werden. Über 20 verschiedene

Kräuterchen in einer Mischung dienen nur dem Hersteller, nicht aber dem Wild. Ersparen Sie sich häufige Bestellungen und damit verbundene hohe Kosten.

Wurzelheimer Steine statt Hildesheimer Böhrde

6.) Was sich in einem Feldrevier einfach bewerkstelligen lässt, ist im Wald oft eine Qual: Die Bereitung des Saatbetts. Insbesondere bei der Neuanlage fördert die Bearbeitung manchmal nur Wurzeln zu Tage. Besitzt ein Landwirt noch eine alte Egge? Traut er sich damit in den Forst? Wenn ja, haben wir ein ideales Gespann gefunden. Ein Jagdfreund hat selber eine alte Egge erstanden. Die steht an der Jagdhütte und wird vom Landwirt abgeholt. Mit so einem Gerät erschließen wir uns dann realtiv einfach Streifen an Waldwegen, Ge-stellen, Lichtungen und anderen Plätzen.

7.) Es besteht keine Notwendigkeit, jährlich für Unsummen Neubestellungen vorzunehmen. Schaffen wir es, mit mehrjährigen Mischungen sowie unseren Dauergrünlandflächen attraktive Äsung anzubieten, haben wir schon viel geleistet.

8.) Mit nur wenigen großen Äsungsflächen ist dem Wild nicht gedient. Erst eine Vielzahl schafft für das Wild Alternativen ohne Konkurrenzdruck, lässt die Tiere (in Ihrem Revier!) von Fläche zu Fläche ziehen und bindet es so – flankiert von verschiedenen anderen Maßnahmen – erfolgreich an das Revier. Ein Äsungsflächen-MOSAIK muss entstehen.

9.) Achtung: Mancher Wegrand und manche Blöße im Wald sind aus Sicht

Auch Rotwild scharrt mit Wonne – der Wühlacker

Ein Wühlacker rundet drei unserer Äsungsstreifen jeweils ab. Ideal sind bereits mehrfach bestellte Streifen, wo es mit tief in den Waldboden eindringenden Geräten keine Überraschung gibt. Uns dient dazu mittlerweile ein „Schrottgrubber". Zunächst lockert der Landwirt damit den Boden. Schlepper-/Grubberbreite x 30 m Länge – fertig ist die Wühlackerfläche. Dann bringen wir geringste (!) Mengen Mais, Eicheln oder Bucheckern aus, die wieder und wieder mit dem Grubber übergezogen werden. Was uns überraschte, war die intensive Annahme dieser Wühlstellen auch durch Rot- und Damwild. Sauen hatten wir erwartet, aber mit großer Hingabe scharrendes Rot- und Damwild? Doch es funktioniert. Diese Aktion wiederholen wir derzeit einmal Ende April sowie einmal Ende Juli.

des Naturschutzes wertvoll und daher nicht anzutasten! Achten Sie bei bestehenden Flächen auf den Bewuchs. Zerstören Sie keine wertvollen und geschützten Biotope!

10.) Mehr noch als jede Wildwiese sind Wildäcker Fremdkörper im Wald. Mais, Rüben, Kartoffeln & Co haben meines Erachtens generell nichts im Wald zu suchen. Zunächst noch den Waldumbau flankierend, muss es ohnehin unser Ziel sein, irgendwann auf „künstliche Äsung" verzichten zu können. Das hat aber eine Menge mit der Wilddichte zu tun ...

11.) Ein Grundsatz muss immer herrschen, wenn die Maßnahmen erfolgreich sein sollen: Ihre Äsungsstreifen sind Freiräume für das Wild. Sie dienen der Ernährung, aber auch dem Sonnenbad und dem Spiel der Kälber. Es ist daher völlig kontraproduktiv, wenn jeder Wildacker von zwei Kanzeln flankiert wird und Sie an Ihren Äsungsflächen jagen. Gehen Sie gerne in ein Restaurant, in dem Sie beschossen werden?

Äsungsstreifen schließen uns den Wald auf und machen Wild sichtbar. Aber stellen Sie bitte sicher, dass auf der weitaus größten Zahl das Wild unbeschossen bleibt. Denn: Zusammen mit dauerhafter Beunruhigung ist die Jagd an solchen Äsungsflächen die schnellste Art, wie Sie das Wild entweder in die Nacht schießen oder aus dem Revier heraus. Wollen Sie das wirklich?

Sozialverhalten, Nahrungsbedarf und Sicherheitsbedürfnis

Sozialverhalten, Nahrungsbedarf und Sicherheitsbedürfnis sind beim Rotwild eng miteinander verbunden. Seine räumliche Verteilung wird durch den Nahrungsbedarf, das Sicherheitsbedürfnis und lokale Klimabedingungen gesteuert. (...)

Die Hauptnahrung des Rotwilds besteht aus Gräsern und krautigen Pflanzen. Um ihren Pansen zu füllen, müssen die Tiere mehrmals am Tag Nahrung aufnehmen. Unter ungestörten Umweltbedingungen verbringt Rotwild daher einen großen Teil des Tages auf Lichtungen oder außerhalb des Waldes.

Ein Leben in Rudeln setzt ein entsprechend hohes Nahrungsangebot voraus. Deshalb kommt es beim Rotwild zu saisonalen Verbreitungsschwerpunkten, die mit dem Nahrungsangebot wechseln. Konzentrationen in großen Dickungs- und Stangenholzkomplexen sind dagegen durch das Sicherheitsbedürfnis verursacht.

Aus: Leitbild Rotwild,
Wege für ein fortschrittliches Management,
Deutsche Wildtier Stiftung

Pünktlich erscheinen die Damen am Nachmittag zum Kaffeekränzchen. Foto: Eike Mross

Der Jagdmonat Mai

Erster Mai. Es ist stockfinster, als es an der Haustür klopft. Unsere Hunde quittieren das Klopfen mit wütendem Gebell. Ungläubig schaue ich auf den Wecker. Waren meine Jagdfreunde und ich nicht erst in einer Stunde verabredet?

Vor der Tür steht Forststudent Tillmann. Er entschuldigt sein *„etwas zu frühes Erscheinen"* und erklärt, dass er *„keinesfalls zu spät kommen wollte."* Bei der Gelegenheit führt er noch ins Feld, dass er *„den Verkehr nicht einschätzen konnte."* Klar, denke ich, morgens vor drei Uhr ist auf den Straßen auch wirklich enorm viel los und man muss mit Staus und LKW-Schlangen rechnen. Schließlich müssen wir beide über seine zeitlichen Sicherheitsreserven lachen und er bekommt die Aufgabe, erst einmal für einen ordentlich pechschwarzen Kaffee zu sorgen, während ich unter die Dusche springe. Von dort zurück, steht der Kaffee auf dem Küchentisch und die Revierkarte liegt ausgebreitet daneben, als es wieder an der Tür klopft. Lucas und Ernst-Friedrich erscheinen, unser Team ist komplett. Wir verteilen die Sitze und gehen erwartungsfroh unserer Wege.

Ich möchte zunächst ein halbhektar großes Gatter kontrollieren. Langsam gehe ich über eine Kuppe und glase den Gatterzaun ab. Dahinter steht ein fast weißes Damschmaltier. Das ist ja ein außergewöhnlicher Start ins Jagdjahr: Sofort Anblick, aber ausgerechnet eine Gefangene! Das Schmaltier hat mich bemerkt, wirft sich herum, entzieht sich meinen Blicken und vom anderen Ende des Gatters höre ich, wie der Zaun klappert. Ich klettere, den Überstieg nutzend, über den Zaun und quere die Gatterfläche. Aber das Stück ist ausgewechselt.

Ich erreiche meine Leiter und baume auf. Dort sinniere ich über unser Rehwild. Unsere Waldböcke sehen wir in der Regel ein Mal, danach nie wieder. Daher lautet die Maxime: Jeder Bock ist richtig, nur Mut! Warum? Statt Knochenkult haben wir das geschossen, was uns Freude bereitete. Vor allen Dingen schossen wir viel – und auch Böcke im Bast. Für Freunde guten Wildbrets sei gesagt, dass die Gewichte kräftig anstiegen. Für Freunde guter Trophäen ist vielleicht der Hinweis hilfreich, dass diese nach und nach an Qualität zunahmen.

Die Jagd auf Schmalrehe betreiben wir im Mai mit größter Vorsicht. „Falsch" geschossene Rehböcke gibt es nicht, eine versehentlich erlegte Ricke ist hingegen eine Katastrophe. Daher schauen wir im Wald immer mehrfach hin, oft mit dem Erfolg, dass unser Stück dann wieder verschwunden ist. Was soll's, ein Rickenabschuss darf uns nicht unterlaufen. Identische Probleme des Tier-/Mutterschutzes erleben wir ebenso bei anderen Schalenwildarten. Auch hier gehen wir mit größter Sorgfalt vor. Manche Schmalrehe springen einem tatsächlich ins Auge, klapperdürre Stücke, die bei uns Gewichte von Winterkitzen aufweisen. Dann traue auch ich mich, diese zu erlegen (zuletzt aufgebrochen 8 kg). Tatsache ist, dass im Mai die Aktivitätskurve aller Rehe ihr Maximum erreicht. Zu kaum einer anderen Jahreszeit lassen sich Rehe so oft beobachten wie im Frühjahr. Gute Chancen, Beute zu machen.

Erster Bejagungsschwerpunkt des Jagdjahres

Wenn wir schon in Sachen Rehwild unterwegs sind, binden wir Rot-, Dam- und Schwarzwild in die Bejagung natürlich mit ein. In Niedersachsen sind bei Rot- und Damwild Schmalspießer und -tiere frei. Diese Stücke werden bei uns mit bejagt, der Mai wurde so zum ersten Bejagungsschwerpunkt im Jahr. Die Rot- und Damwildrudel sind nun zumeist völlig aufgelöst. Mal trifft man zwei Damtiere und einen Schmalspießer, anderntags ein Rottier mit Kalb und Schmaltier. Die kleinen Verbände aller Schalenwildarten lassen sich gut bejagen.

Ich teile die Ansicht nicht, dass durch die frühe Bejagung die Tiere schnell wieder scheu werden. Dank Ruhezone (siehe im Kapitel dort) und Intervalljagd bleibt unser Rot- und Damwild tagaktiv. Stattdessen überwiegen für mich forstliche Aspekte und jagdbetriebliche Erfolge. Zur Verdeutlichung, hier die Ergebnisse der ersten drei Stücke Rotwild 2011: Zwei Rotschmaltiere mit 35 und 41 kg sowie ein Rotschmalspießer mit 36 kg. An diesen Abschüssen kann nichts falsch sein!

Die Population und den Lebensraum entlasten

Dabei stellt sich nicht die Frage, wie es zu diesen erbärmlichen Gewichten kommen konnte. Ob sie verwaist waren, was ich vermute, oder ihre Gewichte einem Überbestand geschuldet sind, ist zunächst sekundär, denn einzig ihre zeitige (!) Entnahme aus dem Bestand ist die richtige Reaktion.

Am Ende des Wonnemonats Mai haben wir oft gute Strecken addieren dürfen. Alles Tiere, die die eigene Population nicht mehr belasten, alles Tiere, die später im Feld nicht zu Schaden gehen, alles Tiere, über deren Verbiss-, Fege- oder Schälschaden wir nicht mehr reden müssen, alles Tiere, die sich nicht in so genannte Großrudel oder im Herbst zusammenschließen können.

Insbesondere die großen Rudel erschweren uns doch die Bejagung des Wildes im Herbst. Wie oft haben wir auf verschiedensten Jagden erlebt, dass 40- oder 60-köpfige Rudel nahezu unbeschossen entkamen. Wenige Tiere wurden erlegt, der Rest war ausgewechselt. Im Zuge der Hauptjagdzeit wuchsen diese Rudel sogar immer weiter an, was schließlich dazu führte, dass Reviere heute Rotwild leer, anderntags übervoll waren. Mehr noch: Ganze Jagden „floppten" hinsichtlich des Rotwildes, weil das oder die Rudel am Jagdtag nicht zugegen waren. Am Ende der Diskussion, wie man diese Rudel dennoch bejagen könne, stand dann der immer wieder zu vernehmende, ekelhafte Vorschlag, das Leittier zu schießen ...

Vergebene Chancen

Erst kürzlich las ich, dass durch die Jagd im Mai Schälschäden wieder steigen würden. Das Gegenteil ist richtig, wenn oben beschriebene Parameter (Ruhe auf der überwiegenden Fläche, unbejagte Äsungsstreifen und so weiter) erfüllt sind. Das große Foto friedlich äsenden Rotwildes auf den vorherigen Buchseiten – dies möge meine Thesen unterstreichen – wurde am 2. Juni aufgenommen. Das Foto entstand nach der Jagd im Mai in unserem Revier – zur Erinnerung: Wir reden über ein 239-Hektar-Revier!

Immer wieder erfuhr ich, dass Rot- und Damschmalspießer gezielt im Mai nicht freigegeben werden. Eine

Tier, Schmaltier, Kalb: Hier traue ich mir sicheres Ansprechen zu. Der kleine Verband ermöglicht mir ferner gute Chancen, das Schmaltier zu erlegen.

Wieder rauscht auf einer herbstlichen Drückjagd ein Großrudel vorbei, kein Schütze wurde eine Kugel auf das Rotwild los. Foto: Larry Morris, aufgenommen im Landesforstamt Unterlüß.

der Begründungen lautete, dass *„man noch nicht sehen kann, was aus den Spießern wird."* Müssen wir das? Erlegen uns nicht die Abschussrichtlinien den intensivsten Eingriff in der Jugendklasse auf (siehe auch S. 151)? Wann, wenn nicht jetzt, wo wir sogar gelegentlich Schmalspießer und -tiere solo antreffen, lassen sich diese schonender für den Rest des Wildes bejagen?

In einigen Hegegemeinschaften erlebte ich gar eine Vollschonung der Spießer. Zwischen dem Leben als Spießer und der Vollendung des elften oder zwölften Lebensjahres liegen aber so viele Unwägbarkeiten, dass eine Vollschonung der Spießer sowohl die Vorgaben der Abschussrichtlinien als auch das Wesen der Geweihbildung außer Acht lässt (siehe auch S. 153). Noch nicht einmal das erneute Erscheinen im Folgejahr als Sechser oder Achter ist absolut sicher! Es gibt nur eine Begründung, Spießer generell nicht zu erlegen: Man will mit den Trophäen später Geld machen. Dies ist dann allerdings ein reiner betriebswirtschaftlicher Entschluss.

Da erlege ich doch lieber die zuvor genannten, sehr geringen Stücke schon jetzt. Denn so gewinnen wir bestes Wildbret junger Stücke – ein Umstand, den wir als leidenschaftliche Wildbretesser besonders schätzen. Zwei unserer drei Kühltruhen waren zu Monatsbeginn fast völlig leer – ein unhaltbarer Zustand. Hier ein Bock, dort ein Schmaltier, da ein Rotpießer, dann ein Frischling – das ist das Ergebnis eines konzentrierten Jagdeinsatzes gemeinsam mit mehreren Jägern im Mai – an nur vier bis acht Tagen in diesem Monat.

Mein erstes Fazit: Das gemeinsame Frühstück nach dem Morgenansitz oder die Stunde gemeinsamen Sitzens um den brennenden Feuerkorb am Abend möchte ich nicht missen. Außerdem erleben wir geteilte Jagdfreude mit anderen, erfahren von ihren Beobachtungen viel mehr, als wir alleine auskundschaften könnten. Gleichzeitig binden wir gerne Jungjäger mit ein, deren Wildfreigabe wir entsprechend ausrichten. Für Zweifler: Uns hat noch nie ein Jungjäger bei den Maiansitzen auch nur irgendetwas „Falsches" vor die Füße gelegt!

Mein zweites Fazit: Warum sollten wir uns nicht völlig entspannt die im Mai vorhandenen Kleinstrudel zunutze machen? Ich halte den Bejagungsschwerpunkt in diesem Monat aus den geschilderten Gründen ausdrücklich auch in Regionen für angezeigt, in denen die Wilddichte stimmt!

Vergleiche erhöhen Sicherheit

Ehedem war in Niedersachsen der Juni für Teile des Rot- und Damwildes als Jagdmonat vorgesehen, dann wurde der Mai daraus. Ich kann allen Bundesländern und Entscheidern nur eines ans Herz legen: Wenn es eine Frühjahrsbejagung auf diese Wildarten geben soll, dann bitte im Mai. Es gibt keinen Monat, in dem Alttiere, Schmaltiere und bereits jetzt gesetzte Kälber in ihrem Habitus derartig divergieren. Trotzdem pardonnieren wir fast immer einzelne, weibliche Tiere und halten uns an Kleinstverbände. Ist ein Vergleich gegeben, fallen auch dem unbedarften Nimrod 35–45 kg-Stücke neben 70–85 kg-Alttieren durchaus ins Auge. Natürlich sind derart geringe Stücke nicht die Regel. Aber um die geht es doch gerade, sie wollen wir zuerst erlegen! Noch einmal: Was kann daran falsch sein, die allerschwächsten Stücke zeitig zu bejagen?

Können Sie mir bitte zudem erklären, warum Böcke im Mai bejagt werden dürfen, wir aber im Falle

Schnappschuss nach Beendigung eines Abendansitzes mit jungen Mitjägern: Der Nimrod in der Bildmitte hatte ein Rotschmaltier (49 kg) erlegen können. Vorneweg zieht Eike Mross das Stück. Er hat in unserem Revier viele tolle Fotos geschossen, die zum Teil auch in diesem Buch Verwendung gefunden haben. Foto: Katrin Burkhardt

des Rotwildes umgehend als Störer denunziert werden? Da schwärmen Jäger von der Jagd auf den roten Bock, aber der schwächste Rotschmalspießer darf es nicht sein?

Ein ganz anderer Aspekt beschränkt unsere Jagd im Mai: Wir meiden – neben der Ruhezone – alle darüber hinaus für den Arten- und Naturschutz sensiblen Bereiche, wo zum Beispiel seltene Vogelarten brüten. So bleibt unter anderem die Abteilung mit den Baumfalken ebenso unangetastet, wie die „Kranichleiter", die nicht umsonst so heißt. Die Beschränkung auf sehr wenige Jagdtage ist eben auch der Setz-, Brut- und Aufzuchtzeit geschuldet.

Die Zeit des Ansitzes am ersten Maimorgen ist um, ich muss abbaumen. Als ich meine Sachen verstaue, fällt irgendwo ein Schuss. Am Auto meldet sich das Handy, SMS von Tillmann: „Damwild tot!" Freudig fahre ich zurück und warte am Aufbrechplatz hinterm Haus. Ernst-Friedrich erscheint mit Lucas im Gefolge, letzterer mit einem Damschmaltier im Gepäck. Seinen Schuss hatte ich nicht gehört.

Es folgt Tillmann, dessen Stück ich mit dem Satz kommentiere *„Na, die Flucht hat sich ja nicht gelohnt!"* Er hat „mein" weißes Schmaltier aus dem Gatter erlegt!

„Wieso nicht gelohnt?" Als ich erkläre, wie ich vermutlich dieses Tier knapp verloren habe, versteht er mein „nicht gelohnt" und ergänzt lächelnd: *„Für mich schon!"*

Ruhezonen – Oasen im Waldrevier

Mehr Wild trotz Jagdverzicht? Effektivere Jagd, obwohl Teile des Reviers nicht bejagt werden? Was zunächst widersprüchlich klingt, hat sich in der Praxis mehrfach hervorragend bewährt: Die Anlage von Ruhezonen macht das Wild im Wald nachweislich tagaktiv, ermöglicht eine erfolgreichere Jagd und kann Wildschäden senken.

Mittlerweile blicke ich auf fast 25 Jagdjahre zurück, in denen ich immer das Glück hatte, tagaktives Rotwild genießen zu können. Ruhezonen waren stets elementarer – ja unverzichtbarer – Bestandteil des Jagdbetriebs in den Revieren von Bundes- und Landesforsten, in denen ich jagen durfte. So kenne ich fünf Schalenwildarten nur tagaktiv. In „meinen" Revieren gab es keine Nachtjagd, kaum Kirrungen, keine geschlossenen Kanzeln. Gejagt wurde nur am Tage – und es wurde mehr als ausreichend Strecke gemacht!

Dabei ging es nicht um die heute modern gewordene Taktik, stetigen Einzelansitz durch wenige gut organisierte (!) Bewegungsjagden zu ersetzen. Sicherlich funktioniert diese Jagdstrategie auch – und zudem sehr gut! In den beschriebenen Revieren wurde die größte Menge des Wildes kombiniert geschossen. Tagaktivität und Einzelabschüsse waren kein Widerspruch, solange das Wild Refugien hatte, in denen es dauerhaft (!) unbejagt blieb. Ein oder zwei Drückjagden rundeten jeweils den Jagdbetrieb ab.

Ruhezone bedeutet JAGD-Ruhezone

Mit der Einrichtung von Ruhezonen oder der Pflege bestehender Ruhezonen ändert sich das Verhalten des Wildes und die Art der Bejagung.

Als erstes Beispiel seien die Truppenübungsplätze genannt. Ganze Panzerkompanien sind nicht in der Lage, das Wild nachhaltig zu beunruhigen oder in die Nacht zu zwingen. Wiederholte Pirschgänge der Jäger schon! Nach Jahren des Ver-

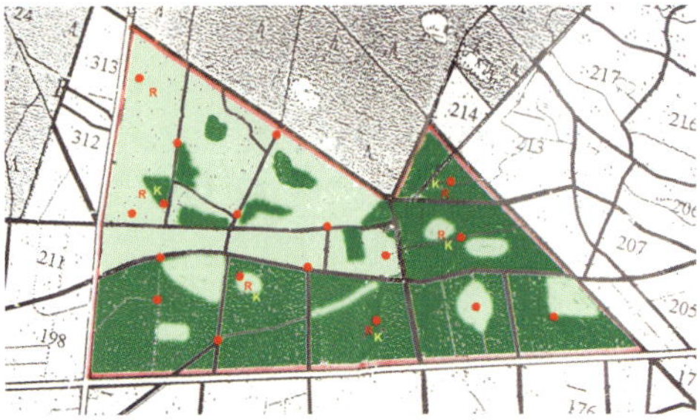

1.) Ausgangslage: Kirrungen überall im Revier, ein Rübenbunker in der Mitte, Kanzeln in den Einständen (rote Punkte) ...

2.) Entkernen: Aus der Reviermitte wurden alle Ansitzeinrichtungen entfernt, sämtliche Kirrungen geschlossen, erste Leitern wandern nach außen.

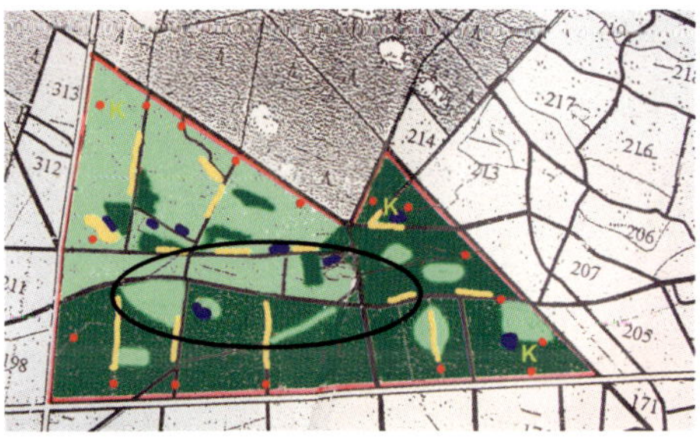

3.) Ausbau: Anlage von Wildäckern (gelb) und Suhlen (blau), weitere Sitze im Außenbereich, Beschränkung auf drei Kirrungen am Rand.

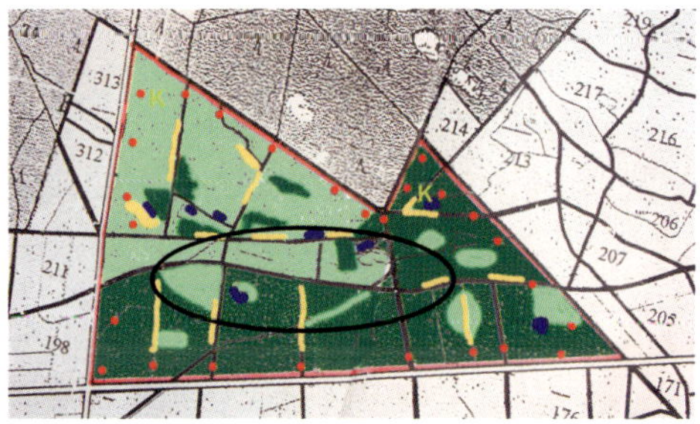

4.) Erster Feinschliff: Einige Hauptwechsel sind ausgelotet, Sitze wurden um- oder neu aufgestellt. Zwei Kirrungen in der Peripherie sind verblieben.

gleichs von Bundes- und Landesforsten einerseits und diversen Privatrevieren andererseits, bin ich fest davon überzeugt, dass der Leopard 2 und der Bundeswehrsoldat die besten Jagdaufseher sind, die man sich wünschen kann. Trotz Schießbetrieb, Truppenbewegungen per Kette oder zu Fuß – das Wild bleibt tagaktiv und einfach bejagbar. Wie funktioniert das? Mitten in den Truppenübungsplätzen finden sich „unfreiwillige" Ruhezonen, die aus Sicherheitsgründen entstanden sind. Links und rechts der Schießbahnen oder in anderen Gefahrenbereichen hält sich kaum ein Mensch auf. Hier kann das Schalenwild jederzeit ungestört seinen Tagesaktivitäten nachgehen. Endet das Schießen, steht man, noch während die Schießscheiben abgeräumt werden, vor Rot- oder Damwildrudeln sowie Schwarzwildrotten, die in die Bahnen ziehen. Warum? Noch nie ging von einem Panzer Gefahr aus. Sie kommen höchst auffällig daher und haben – weit wichtiger – selber nie gejagt.

Fast überall machbar!

Ich erlebe teilweise Fassungslosigkeit, wenn ich eigene Bilder zeige oder die Jagdpraxis in den Revieren mit Ruhezonen beschreibe. Folgender Satz ist typisch für die dann beginnenden Diskussionen: *„Ihr könnt das ja machen, aber bei uns funktioniert das nicht."* Falsch! Ruhezonen sind fast überall machbar. Dennoch trifft man bei dem Thema auf viele Ressentiments.

Spricht man mit Revierinhabern und Pächtern, äußern sie häufig zwei Annahmen: Sicherlich, so vermuten sie oft, muss eine Ruhezone riesengroß sein, oder das Revier selber sollte „mindestens 2.000 Hektar umfassen". Diese Irrtümer lassen sich einfach widerlegen, denn es gibt kleine Reviere, die mit ein oder zwei Ruhezonen von je 30 bis 40 Hektar mehr erreicht haben, als umliegende, weit größere Reviere ohne Ruhezone! Gleich mehrere Reviere belegen dies: Ulrich Herbst, ehemaliger Landesförster, praktizierte das Ruhezonenkonzept jahrelang sehr erfolgreich. Seine Fotos von badendem Rotwild gingen vielfach durch die Jagdpresse (s. Seite 35). Jörg Rahn, als Landesförster im Revier Dünsche aktiv, ist ebenfalls bekannt für Fotos tagaktiven Schwarz- und Rotwildes. Das ehemalige Lehrrevier Lanze wurde durch Rotwildbilder bekannt, die unter anderem der Fotograf Burkhard Winsmann-Steins machte. Das sind alles Reviere in unserer näheren Nachbarschaft, die tagaktives Wild kennen. Also betreiben auch wir keine Zauberei.

Meines Erachtens macht insbesondere eines das Wild nachtaktiv: ein verfehltes Jagdmanagement. Dies ist für uns zwar unbequem, doch in erster Line sind wir es, die das Wild nachtaktiv machen. Durch Bejagung

Bilder wie diese von Ulrich Herbst und seinem badenden Rotwild gingen vielfach durch die Jagdpresse. Ein kleiner Teich in einem Erlenbruch bildete das Zentrum einer sehr überschaubaren Ruhezone.

Wild registriert parzellenscharf, wo es beschossen wird und wo dauerhaft Jagdruhe herrscht. So ist es keine Überraschung, hinter unserem Haus verschiedene Schalenwildarten anzutreffen, denn auf der Hofwiese herrscht Frieden.

Bei unseren vierbeinigen Mitbewohnern lösen diese Besucher immer gesteigertes Interesse aus.

im schlecht organisierten Daueransitz oder andere wenig geeignete Methoden, zum Beispiel häufiges Herumrennen in sensiblen Revierbereichen, zwingen wir das Wild in die Nacht. So stinkt es mal hier nach Mensch, mal dort. Kein Ort im Revier, wo wir nicht auftauchen – und dies ausgerechnet dann, wenn der erste Jogger noch nicht im Revier ist oder der letzte Spaziergänger das Revier bereits lange verlassen hat. Schlimmer noch! Selbst die Nacht wird durchgesessen. Dabei stört und vergrämt Wild nichts nachhaltiger als der regelmäßige Nachtansitz im Waldrevier.

Eines ist sicher: Das Wild lernt sehr schnell. Es weiß parzellenscharf, wo es bejagt wird und wo nicht. Ich habe mehrfach in anderen Revieren erlebt, wie Wild noch in der Morgendämmerung zurückwechselte, um dann, nach wenigen hundert Metern, den ganzen Vormittag im

Sonnenschein auf einer Wildwiese zu liegen. Der Reviernachbar hatte sogar Gelegenheit, von einer seiner Grenzkanzeln direkt in diese Wiesen zu schauen.

Die Jäger tragen den Druck in die Reviere! Daraus resultieren dann weitere Probleme der Bejagung – und so entsteht eine Spirale immer neuer Probleme und immer neuen Jagddrucks. So sehr manche Jäger sich davor verschließen, dass es so etwas wie Jagddruck tatsächlich gibt, so treffend ist der Begriff.

Wie kann ich nun meine Jagdaktivitäten wildgerechter organisieren und möglichst mehr Strecke machen? Antwort: In dem Moment, wo wir uns räumlich beschränken, haben wir schon viel erreicht!

Ein Auge für das Besondere

Findet sich im Revier eine Parzelle, die ohnehin kaum von Menschen frequentiert wird? Gibt es ruhige Dickungskomplexe mit darin liegenden Schneisen? Findet sich ein alter, ungenutzter, von einer Dickung umgebener Tümpel, den kaum jemand kennt? Liegt im Revier ein Bruchwald, der im Winter von Wasser und im Sommer von Mücken bevölkert ist? Gibt es ein Waldstück, das wenig oder gar nicht von Wegen durchschnitten ist?

Hat das Revier derartige Komplexe, in denen kaum etwas los ist? Gibt es größere, bereits bekannte und tradierte Haupteinstands- und Äsungsflächen des Schalenwildes im Revier? Dann wären diese Komplexe gut als Ruhezone geeignet.

Der Revierinhaber muss ein Auge dafür entwickeln, wo geeignete Komplexe liegen. Aber: Es gibt keine Muster-Ruhezone. Vielerorts sind traditionsreiche und bewährte Wildeinstände bereits vorhanden. Hier gilt es zu überlegen, ob und wie wir diesen Bereich ausbauen können. Wieder das Stichwort „Waldumbau“: Was verändert sich in den kommenden Jahren? Wie kann ich vorausschauend planen, was ließe sich hingegen schnell umsetzen? Ein Beispiel: Mitten in einer Dickung auf einem Schneisenkreuz steht die geschlossene Kanzel. Was entsteht, wenn man diese Kanzel entfernt? Ein (jagd-)ruhiger Komplex.

Haben wir so einen geeigneten Revierbereich gefunden, gilt es, alle

Dieser recht alte Hirsch hält sich nur noch ein kleines Brunftrudel. Foto: Dr. Thomas Wiemer

Maßnahmen zu ergreifen, die zweckmäßig sind, dieses „Herzstück des Reviers“ noch weiter zu beruhigen. Ohne den Belangen des Forstbetriebs (Befahrbarkeit für den Revierleiter, offene Wege zur Waldbrandbekämpfung und so weiter) zuwider zu laufen, finden sich immer Wege, die man geschickt blickdicht verblenden und/oder versperren kann.

Was können wir noch tun? Wo nötig, lichten wir innerhalb der Ruhezone Waldwege auf. So entstehen wertvolle Waldinnenränder – und wir holen das Wild aus der Dunkelhaft der Einstände heraus. Nur Dickungen und Stangenhölzer erfüllen die Aufgabe einer Ruhezone eher schlecht, wir müssen schon auf die jeweiligen Äsungs- und Lebensansprüche eingehen. Unsere Ruhe- oder Kernzone wird mit Suhlen und Äsungsflächen versehen. Bereits hier kann das Schalenwild ganztägig seinem natürlichen Aktivitätsrhythmus nachgehen.

Nichts anderes schützt besser vor Verbiss- und Schälschäden! Denn die Ruhezone ist der Fluchtpunkt jeden Rudels und jeder Rotte. Hier muss das Wild wissen, dass es nichts zu befürchten hat. In der Ruhezone kann das Schalenwild ruhen, ziehen, suhlen und äsen, wann es will. Nur dann nimmt es bereitwillig immer wieder diesen Komplex an, nur dann erlegen wir schlussendlich außerhalb (!) der Ruhezone mehr.

Nicht selten ist bei der Umsetzung der eine oder andere Jäger das Problem. Da wäre beispielsweise Jagdaufseher XY, der tagtäglich meint, durch sein Revier fahren zu müssen. Wozu? Er wollte abfährten, die Suhlen kontrollieren, Wild bestätigen.

Genau dieses Verhalten ist kontraproduktiv. Lassen Sie Ihr Wild in Ruhe, das Konstrukt nennt sich Ruhezone – und nicht Autobahnkreuz. Folgerichtig liegen in einer Ruhezone auch keine Kirrungen, wozu auch? Jetzt finden sich schon einmal ein paar Tage, wo kein Naturfreund dort aufläuft, da erscheint täglich in den abgelegensten Bereichen Jagdpächter YZ ...

Auch wir haben feststellen müssen, dass an den meisten Tagen wir es waren, die die Unruhe in den Wald trugen – und wir haben dafür eine Menge Lehrgeld gezahlt. Bleiben Sie bitte heraus aus der Ruhezone, auch wenn es Überwindung kostet. Und keine Sorge: Ihr Wild ist noch da.

Langsames Vertrauen in das Jagdprinzip

Natürlich kann ich in meinem Revier „nicht die Welt verbessern", wenn um mich herum nach alten Schemata gejagt wird. Und doch erreichen einzelne Reviere immer wieder beachtliche Erfolge, wenn sie ihre Bejagung umstellen. Noch einmal: Man muss kein riesengroßes Revier bewirtschaften, um eine Ruhezone einzurichten.

Versuchen wir doch einmal, unsere Reviere neu zu strukturieren. Gestatten Sie sich das Experiment, über zwei Jagdjahre Ihr Wild anders zu bejagen. Denn eines ist sicher und mittlerweile oft genug bewiesen: Ruhezonen sind ein erfolgreicher Beitrag zur Wildschadensverhütung – geeignete Wilddichten vorausgesetzt. Zudem sind sie ausgesprochen kostengünstig. Ruhe und Verzicht kosten – außer Selbstdisziplin – ja nichts ...

Dieses Kapitel soll Mut machen, die eigene Jagdpraxis einmal zu überdenken. Das „Kuriosum" der Ruhezonen war für alle, die dieses Prinzip einführten, die signifikante Steigerung der Abschusszahlen und oft auch sinkende Wildschäden. Das Wild wurde erfolgreich an das Revier gebunden. Diejenigen Revier-

inhaber, die Ruhezonen eingeführt haben, mussten allerdings auch erst nach und nach lernen, dass sie ihr Wild trotzdem bekommen. Das Vertrauen in dieses Jagdprinzip stieg von Jahr zu Jahr – und gleichzeitig der jagdliche Erfolg!

Diese vier Bachen führen ihren Nachwuchs aus. Auch Schwarzwild wäre tagaktiv, wenn man es ließe. Im Waldrevier besteht die Chance dazu. Beachten Sie die Größe der Frischlinge. Diese Aufnahme entstand am 2. Juni in unserem Revier und bildet schon deshalb eine schöne Überleitung zum kommenden Jagdmonat. Foto: Eike Mross

Der Jagdmonat Juni

Kaum, dass der Juni begonnen hat, steht eine Revierfahrt an. Wieder werden Sägen, Buchenholzteer & Co verladen, der Hund springt auf den Beifahrersitz und hinaus geht es in die freie Wildbahn. Der Mai liegt hinter uns – hoffentlich hat so mancher Grünrock seinen Bock oder ein Stück Rot- oder Damwild gestreckt.

In manchen Bundesländern beginnt nun erst die Jagdzeit auf Rotschmaltiere und -spießer. Die Chancen gilt es zu nutzen. Dabei gilt auch hier das für den Mai Gesagte. Jetzt können Klein- und Kleinstverbände bejagt werden. Es sei Ihnen übrigens aus unterschiedlichen Erfahrungsberichten versichert, dass die Bejagung des Rotwildes im Juni nicht die Brunft in Ihrem Revier beeinträchtigt! Ich wiederhole noch einmal meine Bitte, die Rotwildchancen auch im Juni zu nutzen. Bundesländern, wie beispielsweise Hamburg, die weder im Mai noch im Juni Rotwild freigeben, sei dringend eine Änderung der Jagdzeiten empfohlen – der Erfolg, zum Beispiel in Niedersachsen, spricht für sich.

Wer im Mai sein Rehwild nicht bekommen hat, für den wird es im Juni schwerer: Ältere Rehböcke werden jetzt heimlich. Sie scheinen aus dem Revier verschwunden zu sein. Dabei zeigt nach den Monaten der Einstandskämpfe jetzt die Aktivitätskurve des Rehwildes nach unten, vor allem die Herren bewegen sich nun wenig. Warum noch viel Stress verbreiten? So döst der alte Bock viel und zieht kaum umher. Den Jährling in seiner Nachbarschaft nimmt er nicht für voll und die Damenwelt in seinem Einstand ist zur Zeit mit dem Setzen oder Säugen beschäftigt.

Die Fahrt am Rande unseres Reviers offenbart schnell Unterschiede zwischen Mai und Juni. Das Areal vor mir ist schon so hoch mit Adlerfarn bewachsen, dass vieles Wild unsichtbar bleibt. Andernorts verschlucken nun das grüne Laub oder Brombeeren viele Waldbewohner. Welchen Wachstumsschub die Ahornbäume und Buchen im Jagen Nummer 315 gemacht haben, wird uns jetzt erst bewusst, da sich lauter giftgrüne Triebe in die Höhe recken. Diese

Das Beerkraut (Vaccinium myrtillus) begrünt sich nach den Regentagen wieder. Das bedeutet ungleich mehr frische Äsung im Revier.

Parzelle ist bald aus dem Äser heraus und strebt ungebremst nach oben. Ein Wald voller Überfluss? Was für uns sehr subjektiv als schöner Buchen- oder Kiefernwald gilt, kann für das Wild meist trotzdem nahrungsarme Monokultur bedeuten! Hier hilft eine krautige Schicht im Wald weiter. Flächig mit Beerkraut bestandene Waldparzellen bieten nahezu ganzjährig verfügbare Äsung. Eine rechtzeitige Durchforstung fördert ihr Wachstum.

Ein Blick gilt auch den Wildäckern und Wildwiesen. Bieten sie genügend Nahrung? Wer geeignete Flächen findet, kann auch im Juni noch Äsungsflächen anlegen. Was bleibt, ist die Hoffnung auf ausreichend Regen, die besonders die kleinen Erstanlagen dann so dringend brauchen. Oft gerieten unsere Äsungsflächen weitaus besser, wenn wir sie erst im Juni, statt im Frühjahr begründeten (s. dazu auch der Jagdmonat März).

Ein Monat mit zwei Gesichtern

Weitere nicht direkt jagdliche Erscheinungen beschäftigen uns dann im Wald. Gerät der Juni sommerlich warm mit wenig Niederschlag, steigt

Der Kinderreichtum in den Revieren nimmt laufend zu, wie diese beiden Bilder aus dem Juni und Juli unterstreichen: Ricke mit Kitz am Salzleckstein, darunter das erste Damkalb des Jahres. Auch immer mehr Rottiere sind jetzt mit Kälbern anzutreffen.

Zahl der Spaziergänger und Touristen sowie die Waldbrandgefahr. Gerät der Juni recht nass, bleiben uns diese – aus jagd- und forstlicher Sicht – Nachteile erspart. Was allerdings für die Pflanzen gut ist, muss für den Jäger in der Praxis noch lange nicht gut sein. Stetige Tropfen auf Brille und Zielfernrohr, die Geräuschkulisse des Regens übertönt anwechselndes Wild, die nasse Jacke beim Morgenansitz ...

Der Beitrag über den wechselhaften Juni und seine zwei Seiten der (jagdlichen) Medaille ließe sich spielend weiter fortsetzen. Noch ein Beispiel gefällig?

Wir begrüßen die Heerscharen von Mücken, die so manches Stück beim Abendansitz hoch werden ließen und erst dadurch für uns sichtbar machten. Auch dem erlegten Jährlingsböckchen meines Jagdfreundes, so wusste er gerade telefonisch zu berichten, wurden die Plagegeister dann doch zu viel und es erhob sich auf der Lichtung. Nur dadurch wurde es sichtbar.

Bei uns hinter dem Haus erträgt das Damwild die Mücken im Bestand nicht mehr und wechselt auf die Wildwiese aus, auf der ein leichter Wind für Entlastung sorgt. Die Wedel sind aber weiter in Bewegung. Wie erfreuen uns diese Mücken auch, wenn sie Spaziergänger aus dem Bachtal oder den Beständen heraushalten. Hochflüchtig ging auch eine Nordic-Walking-Gruppe ab, ein zauberhafter Anblick.

Diese Freude währte allerdings eben nur bis zum Morgenansitz, bei dem wir unser Mückenmittel vergessen hatten und Schwärme uns so laut umsurrten, dass das anwechselnde Reh erst zu spät gehört werden konnte. Die Biester waren so penetrant, dass der Versuch, sie mit der Hand zu verscheuchen, prompt mit dem nun gänzlichen Abspringen des Rehs quittiert wurde. Regen und Mücken – es hat eben vieles seine Vor- und Nachteile.

Der Revierinhaber sollte den Juni außerdem nutzen, um sich ein Bild des „Wasserstandes" im Revier zu machen. Ist er ausreichend? Wo können noch Tränken und/oder Suhlen angelegt werden? Wie für alle unsere Hegebemühungen gilt auch hier: Viele kleine „Pfützen" sind weitaus besser als ein großer Badesee.

Suhlen im Revier – Fangopackung gratis

Der Jäger kann in seinem Revier verschiedene Suhlenarten jagdbetrieblich unterscheiden: ständige und vorübergehende Suhlen. Dazu kommen Suhlen, die heimlich liegen und unbejagt bleiben, und „öffentliche" Suhlen, an denen angesessen werden kann.

Ständige Suhlen, die sich das Wild selber sucht, befinden sich zum Beispiel am Rand eines Waldtümpels. Sie bewähren sich in den Tageseinständen. Dort können bei Bedarf auch neue angelegt werden – ein Aufwand, der sich immer lohnt. Vorübergehende Suhlen können Pfützen auf Wegen sein, nur zeitweise Wasser führende Gräben, ja selbst der Grund abgeräumter Silagemieten wird gut besucht.

Rotwild nimmt jede Suhle bereitwillig an, insbesondere Hirsche in der Brunftzeit. Kahlwild suhlt nach meinen Beobachtungen generell nicht weniger als die Geweihten. An heißen Tagen nimmt also alles Rotwild gerne Gewässer mit hohem Wasserstand an. Nun offenbahrt sich, dass Rotwild eigentlich eine Wasserratte ist. Dort, wo sich ein Teich befindet, stehen die Tiere beinahe den ganzen Tag bis zum Bauch im Wasser. Selbst Rotkälber springen mit einem großen Satz ins Wasser und schwimmen ausgiebig. Bei extrem großer Hitze legt Rotwild den Träger und Hauptansatz für eine sehr lange Zeit direkt auf das Wasser, um sich abzukühlen. Dabei spielen nur die Lauscher – man könnte sonst den Einruck gewinnen, es schliefe. Um dies in bequemer Körperhaltung tun zu können, suchen sich die Stücke die richtige Wassertiefe aus. Drumherum, am schlammigen Ufer, wird gesuhlt. Manche Tiere liegen stundenlang im Schlamm.

Frühjahrsputz und Feuerwehr

Die traditionellen, bereits vorhandenen Suhlen sollte der Heger nur in großen Zeitabständen kontrollieren und nicht, wie vielfach in der

Hier steht ein dringender Frühjahrsputz an. Zudem sollte die Suhle rundherum aufgelichtet werden.

Wenn, denn: Statt Kanisterschleppen kommt die Feuerwehr. Sie ist an diesem Tag sowieso im Wald, gilt es doch Zisternen und Hydranten zu prüfen.

Literatur zu lesen, die Suhlen täglich abgehen oder gar in der warmen Jahreszeit immer wieder mit dem Wasserkanister vorstellig werden. Das ist kontraproduktiv. Insbesondere Suhlen in Ruhezonen sind die vertrautesten und heimlichsten Plätze im Revier, hier haben auch wir nichts zu suchen. In der Regel sollte man um Suhlen einen großen Bogen machen. Warum?

Ganz einfach: Wie würden Sie reagieren, wenn morgens in Ihrem Badezimmer schon jemand auf Sie wartet, um Ihnen bei der Morgentoilette zuzuschauen?

Aber: Hausputz muss sein. Da das Wild keine harten Gegenstände in der Suhle mag, werden hinein gefallene, stärkere Äste oder grobe Steine im Rahmen unserer seltenen Kontrollen, entfernt. Dieses Vorgehen gehört jedes Jahr in das Frühjahr oder den Frühsommer. Besser als die störenden Säuberungsarbeiten ist es jedoch, die Suhlen dort anzulegen, wo sich keine Bäume darüber befinden oder den Baumbestand am Rand großzügig aufzulichten. Rotwild bevorzugt ohnehin den freien Blick in alle Richtungen.

Neuanlagen lohnen sich

Wer eine Suhle anlegen möchte, sollte zweckmäßigerweise feuchte Revierteile bevorzugen. Dabei werden selbstverständlich für die Natur wertvolle (und daher auch zumeist geschützte) Biotope, zum Beispiel Quellbereiche, nicht mit einbezogen. Tiefe Gräben oder Lunken, Wannen in Hanglagen und selbst Erdeinschläge der Standortkartierung eignen sich für eine Anlage gut. Andernfalls kommt ein Schlepper mit Frontlader zum Einsatz.

Den Untergrund einer Suhle bildet eine dicke Lehmschicht. Die Lehmschicht muss, neben einem Wasser führenden Bereich in der Mitte, auch ausreichend breite, schlammige Ränder aufweisen. Hier wird gesuhlt!

Auch Rotwild nutzt Malbäume

Für Rotwild sollten die Suhlen zum Beispiel auf kleineren Lichtungen angelegt werden, da Rotwild einen Rundumblick bevorzugt. Tiefe Gräben werden beispielsweise durch einen geringen Frontschaufel-/Baggereinsatz mit kolkartigen Ausbuchtungen versehen. So können Rotwild und Sauen im Bereich ihrer jeweiligen Wasserlinie stets ein Teilbad (Rot- und Schwarzwild) sowie ein Vollbad (Rotwild) nehmen.

Der Heger legt Suhlen über das Revier verteilt an und schafft nicht nur einen großen Badesee. Neu angelegte Suhlen braucht man nicht durch Anfüttern bekannt zu machen, da das Wild früher oder später allein auf diesen Wellness-Bereich stößt. Malbäume erhöhen die Wirkung dieser Reviereinrichtung erheblich. Wir haben festgestellt, dass sich Malbäume beim Rotwild ähnlich großer Beliebtheit erfreuen, wie bei den Sauen. Kaum, dass wir etwas Buchenholzteer angebracht hatten, fanden sich in unserer Kopf- und Brusthöhe Haare der Rotwilddecke am Stamm. Daher bestreichen wir nicht mehr nur den Stammfuß oder bringen den Teer nur tief an. Stattdessen lassen wir, direkt aus dem Kanister, ein feines Rinnsal des Teers am Stamm herunterfließen. Rotwild reibt sich dann oben, die Sauen reiben sich darunter.

Heimliche unbejagte und „öffentliche" Suhlen

Jeder Revierinhaber wertet seine Suhlen unterschiedlich: An Suhlen, die unmittelbar Einstandsgebiete berühren oder in stillen Ecken liegen, zum Beispiel in der Ruhezone des Reviers, ruht die Jagd. Diese „heimlichen" Suhlen sollten in der Überzahl sein, da Wild vornehmlich

Direkt an der Reviergrenze gelegene, von raumem Holz umgebene Äsungsfläche in Kombination mit einer Suhle. Im Bildhintergrund rechts neben der Bildmitte, ist der getarnte Ansitzbock nur zu erahnen – siehe dazu auch die Bilder auf Seite 101.

Suhlen, Mahlbäume und Salzlecken sind ideale Plätze, um eine Wildkamera zu installieren.

dort suhlt, wo es sich vertraut und sicher fühlt.

An den wenigen öffentlichen Suhlen (siehe Bildbeispiel oben) findet sich das Wild nur kurzzeitig ein, etwa morgens auf dem Rückwechsel aus dem Feld. Diese Suhlen liegen nicht in Einstandsnähe, sondern auf dem Weg dorthin. Hier wird quasi im Vorbeiwechseln ein Bad genommen. An diesen Suhlen sollte der Jäger in günstiger Schussposition und unter Berücksichtigung der Hauptwindrichtung eine Ansitzeinrichtung aufstellen, die aber weit genug entfernt steht, damit sich das Wild nicht gestört fühlt. So manches Stück verbummelt sich hier morgens auf seinem Rückweg – urplötzlich stehen dann ein bis dahin unbekannter Hirsch oder ein „neuer" Überläufer an der Suhle. Zwischendurch sorgt allerlei Federwild für Abwechslung – und mancher Waidmann wird sich wundern, wer hier alles noch zum Schöpfen vorbeikommt.

Der Jagdmonat Juli

Ein „Sprung Rehböcke" im Sommer ist undenkbar, ein Rudel Feisthirsche hingegen nicht! Rehböcke leben von März bis zum Ende der Blattzeit zumeist als absolute Einzelgänger. Hirsche versammeln sich hingegen gerne im Rudel, Junghirsche ziehen mit Althirschen – solche Herrenklubs sind keine Seltenheit. Im Gegensatz zum Rothirsch geruht Herr Rehbock im Frühjahr zu allem Überfluss auch noch territorial zu werden und das Revier zu verteidigen. Keiler, Rot-, Dam- und Sikahirsch, auch jeder Muffelwidder sowie Gams- und Steinbock, können da nur unverständlich das Haupt schütteln.

Und noch einen Unterschied gibt es anfänglich im Revier des territorialen Rehbocks: Er verteidigt nur das Revier, nicht jedoch explizit seine Ricken. Diese Verteidigungsbereitschaft bezüglich des Territoriums verschwindet bei den meisten Herren im Verlauf der Brunft. Dann überschreiten die Böcke auf der Suche nach brunftigen Ricken auch ihre Reviergrenzen – und wir sitzen auf der Ansitzleiter und staunen über irgendeinen Bock, den wir nie vorher im Revier bestätigt haben.

Bei Rothirschen herrscht jetzt (noch) untereinander Eintracht, wenngleich auch bei ihnen ein neuer Zeitraum im Jahr eingeleitet wird. Alte und mittelalte Hirsche fegen – wie eine über armdicke Douglasie belegt, die, von der Rinde befreit, weithin durch den Bestand leuchtet.

Kahlwildrudel vergrößern sich, erste Hirsch sondern sich ab

Kahlwildrudel stecken nun voller Kälber, die letzten dürften wohl bald geboren werden. Ende Mai trafen wir schon das erste Tier mit kleinem Kalb. In den vergangenen Jahren begab es sich aber auch immer wieder, dass Tiere noch im August Kälber gebaren. Auch die kleinen Kahlwildrudel, die wir zum Monatsanfang sahen, beherbergten Kälber unterschiedlichster Größe. Einige schienen erst wenige Tage alt, andere dagegen waren schon recht stattliche Exemplare.

Noch etwas wird sich im Monat Juli ändern: Die Kahlwildrudel nehmen gerne nach und nach an Stärke zu, erste Hirschrudel zerfallen hingegen. Erste sehr alte Herren stehen nur noch mit einem Begleiter beisammen – oder mittlerweile wieder ganz allein in der Feiste.

Rehwild jagt über eine Waldschneise, ein Bock treibt eine Ricke. Aus der kleinen Dickung, in die die beiden Rehe gerade laut vernehmlich eingefallen sind, kommt auf der Gegenseite ein junger, sichtlich irritierter Damhirsch heraus. Er ist noch im Schieben begriffen. Damwild zieht dem Rotwild in seinem Jahresrhythmus circa um einen Monat hinterher. Das verdeutlichen uns jetzt auch die Damtiere, von denen einige noch nicht gesetzt haben.

Der beste Zeitpunkt für die Anlage von Suhlen ist eigentlich schon verpasst, Feisthirsche und die immer näher rückende Brunft lassen nun manchen Revierinhaber noch zögern. Wenn sich aber passende Stellen abseits sensibler Einstände finden, können wir mit ein wenig Lehm in tieferen Rinnen oder Löchern trotzdem schnell noch eine Suhle entstehen lassen.

Die Birke in der Bildmitte ist hoch mit Teer eingepinselt. Davor, durch die niedrige Kameraposition nicht sichtbar, befindet sich eine kleine Suhle. Vorne steht der Salzleckstein. Dieser Dreiklang hat sich auch bei uns gut bewährt. Am Salzleckstein steht um 14.30 Uhr ein „Waldgespenst".

Im Juni und Juli ruht bei uns die Jagd. Wozu alles Wild beunruhigen, wenn kaum etwas frei ist? Bei sporadischen Kontrollen decken uns die stets vorne verblendeten Leitern, die ein unbeobachtetes An- und Abwechseln ermöglichen.

Organisation einer Drückjagd – geplant wie eine Hochzeit

Die Organisation einer Drückjagd ist ein umfangreiches, komplexes Angehen. Verschiedene Menschen nehmen daran teil, viele von ihnen haben feste Funktionen, sie sind ein unverzichtbarere Bestandteil eines geordneten Ablaufs. Andere fungieren nur als Gäste, wiederum andere als Zeremonienmeister. Zudem ist das Ganze eine hochgefährliche Angelegenheit, was wiederum, so mag manche/r denken, einen trefflichen Bogen zu einer Hochzeit spannt. Deshalb beginnt die Planung des großen Ereignisses bereits frühzeitig – eben genau wie bei einer Trauung!

Vielfach erlebte ich bei Drückjagden unkoordinierte Abläufe, ein großes Durcheinander und Jagdleitungen, die sich in Kleinigkeiten des Jagdtages hoffnungslos verzettelten. Dies kann schon einmal vorkommen, denn nicht jeder ist so routiniert bei der Planung einer komplexen Drückjagd, wie beispielsweise Förster oder Berufsjäger, die dies oft seit Jahren und unter Umständen mehrfach im Jahr tun. Legen wir uns aber von vorne herein Ablaufpläne, Organisationsstrukturen und Checklisten zurecht, kann sich jede Jagdherrin und jeder Jagdherr eine Drückjagdorganisation zutrauen.

Das Brautpaar

Die Jagdherrin/der Jagdherr nehmen – analog zur Hochzeit – die Funktion des Brautpaares ein. Niemand käme auf die Idee, den Brautleuten am Hochzeitstag aufzuerlegen, dass sie selber noch Gäste bedienen oder Blumen arrangieren. Wie ist es dann möglich, dass bei einer der letzten Drückjagden ein Jagdherr minutenlang damit beschäftigt war, Aufbrechhandschuhe zu suchen? Auch die Erlegerliste war vor der Bruchübergabe unvollständig, zwei Schützen erhielten daher gar keinen Bruch. Ein Jäger wurde gar auf seinem Stand vergessen ...

Daher eine dringliche Bitte: Wer sich in seiner Funktion als Revierinhaber zu einer Drückjagd entschließt, klammert sich aus allen Funktionen der Jagd aus! Das hat nichts mit herrschaftlichem Denken zu tun. Stattdessen braucht dieser Jagdtag eine Leitung. Der Jagdherr begrüßt, erteilt die Freigabe, stellt seine Helfer vor – und zum Ende der Jagd hält er seine zweite Rede und übergibt die Brüche. Jagdherrin und/oder Jagdherr sind das Brautpaar, nicht der Kellner und nicht der Orgelspieler. Halten Sie sich Ihren Kopf und Ihre Zeit frei, als Hauptansprechpartner sind Sie noch oft genug zwischendurch gefordert.

Ein Drückjagdtag im Revier ist möglicherweise DAS jagdliche Ereignis des Jahres. Deshalb beginnt die Planung bereits im Sommer! Foto: Timo Hilgers

Pastor, Gastwirt, Blumenmädels

Weit vor dem Jagdbeginn, im Frühjahr/-sommer, stellen wir die Liste unserer unverzichtbaren Helfer zusammen und laden diese Mitarbeiter bereits ein. Der Trauungstermin wurde doch auch lange vorab mit dem Standesbeamten oder dem Pastor besprochen. Ortskundige Treiber, die Leitung auf dem Streckenplatz, der Koordinator der Nachsuchen, mehrere Hundeführer – ebenso wie bei einer Hochzeit bedarf es vieler helfender Hände, soll der Tag gelingen.

Bereits im Sommer schwärmt das „Team Ständekontrolle" aus und ersetzt Drückjagdböcke, die marode sind, verbessert die Kennzeichnung, schneidet frei, aktualisiert Karten (s. S. 62). Wir sind damit immer Ende Juli/Anfang August fertig! Keine Störungen mehr danach, zur Brunft oder gar kurz vor dem Jagdtermin. Der Getränkelieferant hat unsere Bestellung auch gebucht, Pickup-Fahrer mit Anhänger haben den Termin bereits lange im Kalender.

Möchten Sie gerne wissen, welche Personen, die Sie zum Hochzeitstag eingeladen haben, nun schlussendlich kommen? Wir bezüglich unserer Jagdgäste auch. Die ebenfalls im Frühling verschickten Einladungen oder Mails enthalten den unverzichtbaren Passus „um Antwort wird gebeten bis zum …". Fordern Sie bitte zeitnah die Rückmeldungen ein. Jeder Gast muss in der Lage sein, innerhalb von 21 Tagen gegebenfalls zu- oder abzusagen. Das geht doch bei Hochzeiten auch. Wenn Sie schon ausgerechnet am 11.11.2011

Beispiel für eine Drückjagd-Checkliste

Administration		Termin, Freigabe, Ablaufplan	Erste Vorplanung
	Einladungen	Rückmeldungen bis	zugesagt haben…
	Behörde	Verkehrssicherung	Abholtermin Schilder/Bauhof
	Einkäufe	für Streckenplatz/Helfer/Hunde	Bläser?
		für das Schüsseltreiben	ggf. Saal buchen
	Verkauf	privat/Wildhändler angefragt?	Zusagen? Interessenten?
	Einteilung	Kundige Gruppenführer	Fahrzeuge/Transport/Wildbergung
		Aufsicht/Orga Streckenplatz	Aufbrechkommando?
		- Wildwaage	Wildlisten
		- Streckelegen	Trichinenproben
		- Verköstigung/Sitzgelegenheiten	
		- Kühlung/Abtransport	Käufer/Preise?
		Koordinator Nachsuchen	Rückkopplung Hundeführer
	Nachbarn	Wildfolgevereinbarungen	Meldung/Hunde/Nachbarn einladen
Revier	Überprüfung	Ansitzeinrichtungen	ggf. umstellen/freischneiden
		Kennzeichnung Stände/Wege	Karten ggf. aktualisieren
		Ablaufplan An- & Abfahrt	
		Wege der Treiber	Sektoren festlegen/Zeitplan i.O.?
		Stände/Wege Hundeführer	Absprache mit Nachbarn
Jagdtag	Jagdleitung	Begrüßung	Freigabe/Ablauf/Hinweise UVV etc.
		Ansprache/Strecke	Brüche?/Weiterer Ablauf?
	Helfer	Verkehrssicherung	Wildversorger/Proben ziehen
		Jagdscheinkontrolle	
		ggf. Ausgabe Warnwesten	
		Farbbänder (Anschüsse)	kann an der Standkarte hängen
		Standkarten	evt. mit Eintrag Schüsse/Sichtungen
		Ohrmarken	an Schützen oder Gruppenführer
	Helfer Streckenp.	gem. Einteilung s.o.	Bläser

heiraten möchten, würden Sie dann nicht dafür sorgen, dass auch der Gastwirt und die Standesbeamtin Zeit für Sie haben? Der November hat nun einmal für viele gute Hundeführer oder Drückjagdschützen vor allen Dingen einen Nachteil: Dieser Monat hat mindestens acht bis zehn Wochenenden zu wenig.

Brauchbare Mitarbeiter sind im November und Dezember hinsichtlich ihrer Mithilfe an den Wochenenden gleich mehrfach überbucht, drei Einladungen für einen Samstag sind da keine Seltenheit. So wurde auch – wenig überraschend – die Anfang Oktober gegenüber der Standesbeamtin geäußerten Bitte, dass Sie am 11.11.2011 heiraten möchten, mit einem klaren *„Alle Termine bereits vergeben"* beantwortet. Da zudem viele Hochzeitsgesellschaften an diesem Tag noch speisen wollen, hieß die Antwort bei Ihrer Lieblingslokalität nur lapidar: *„Heute geschlossene Gesellschaft."* Hätten Sie nur rechtzeitig geplant!

Schon die Aufteilung der Jagdgäste in Fahrgemeinschaften, deren Ausrücken und die Touren zurück, folgen einer genauen Choreografie (s. Abbildung der „Gruppe Burkhardt").

Hier wird schon ersichtlich, dass keiner der Fahrer (Mross, Abbas, von Mirbach), die weitere drei Schützen mit ins Revier nehmen müssen, absagen dürfen. Es wird zudem deutlich, wie sich das Abstellen der Gruppe aufbaut. So wie alle abgesetzt worden sind, werden sie nach Beendigung der Jagd wieder abgeholt. In unserem Beispiel ist sofort

Die Aufteilung der Gäste und Funktioner in Fahrgemeinschaften: Deren Ausrücken und die Touren zurück, folgen einer genauen Choreografie.

Anstellplan Gruppe Burkhardt

Absteller	Stand	Schütze	Transfer	Bemerkungen
	178/1	Wolgast, C.	Mitfahrer	
	178/2	Kubel, L.	Mitfahrer	StöHund
	179/1	Urbansky, E.	Mitfahrer	
Mross, E.	179/2	Mross, E.	AUTO	
	179/3	Pabel, S.	Mitfahrer	
	195/1	Schüssler, S.	Mitfahrer	
	195/2	Junitz, R.	Mitfahrer	
Abbas, R.	196/1	Abbas, R.	AUTO	SchwHund
	196/2	Schoppe, K.	Mitfahrer	
	197/1	Schulze, H.-H.	Mitfahrer	
v. Mirbach	197/2	v. Mirbach, U.	AUTO	Pickup/Anhänger
	197/3	Behn, R.	AUTO	SchwHund
Burkhardt		Burkhardt	AUTO	Treiber, Pickup

der erste Nachsuchenführer (Herr Behn) bei dieser großen Gruppe zugegen. Damit das Gespann arbeiten kann, muss der Hundeführer mit eigenem Fahrzeug mobil sein!

DJ, Kellner, Kutschfahrer

Die Anhänger- oder Pickup-Fahrer rollen derweil die gesamte Gruppe wieder auf und ermöglichen so den Abtransport erlegten Wildes im Zuge des Abrückens. Der zweite Nachsuchenführer (Herr Abbas) wird garantiert noch andernorts gebraucht. Kein Problem, er nimmt seine Mitfahrer zum Streckenplatz mit zurück und fährt dann separat weiter.

Mehr als drei Personen raus- und wieder zurückfahren, darf er nicht, andernfalls ist die flexible Verwendung als Schweißhundeführer nicht gewährleistet! Am Ende ist im Idealfall jeder Schütze und alles geschossene Wild in nur einem Rutsch wieder am Streckenplatz zurück.

Zudem mehren sich bei dieser Choreografie die helfenden Hände mit jedem Stand, wenn wir die Gruppe wieder gemäß Ablaufplan rückwärtig aufrollen. Auch dieser Umstand spart Zeit.

Scheuen Sie sich nicht, im Vorfeld Ihrer Planung lieber einen Posten mehr, als einen zuwenig zu vergeben. Nur einige Beispiele: Mindestens zwei Personen sind für das Versorgen der Strecke verantwortlich – und machen sonst bitte nichts anderes! Sie helfen den aufbrechenden Mitjägern, haben im Vorfeld für Aufbrechböcke, Wasser und Handschuhe gesorgt und gehen allen zur Hand, die dort mit erlegtem Wild erscheinen. Sie hätten sogar vier firme Aufbrechhelfer? Nutzen Sie das bitte aus! Je professioneller und sorgsamer aufgebrochen wird, desto besser steht es um das Wildbret.

Immer wieder finden sich zudem Gäste, die gerne viel schießen, aber zum Aufbrechen erstaunlicherweise nie Zeit finden. Ob Sie diese dazu zwangsverpflichten, ist Ihre Sache. Ob Sie die ungeliebte Tante Inge zu Ihrer Hochzeit einladen, nur weil es Ihre Tante/Hochzeit ist, übrigens auch. Andererseits gibt es wirklich liebe Mitjäger, von denen man nur hoffen mag, dass sie alles tun, nur nicht aufbrechen – es war schon schwierig genug, Ihre liebe Oma davon abzuhalten, an der Hochzeitstafel Selbstgedichtetes vorzutragen.

Unser Wilhelm (Name geändert!) schießt äußerst sauber und gut, schafft es aber mühelos, anschließend die erlegten Stücke bis zur Unkenntlichkeit zu zerschnippeln. Hier sind die helfenden Hände Ihres Aufbrechpersonals gefordert. Wilhelm hält ab sofort die Läufe, das Team bricht auf. Dafür spült Wilhelm seine Stücke selber aus, trägt somit etwas bei und wahrt sein Gesicht.

Bei Strecken mit Schwarzwild ist eine lückenlose Erfassung aller Stücke unverzichtbar, das präzise Nummerieren/Kennzeichnen der Sauen und das perfekte Ziehen von Trichinenproben ebenso. Stellen Sie nur dafür (!) ein oder zwei Personen ab, egal mit wie vielen Sauen Sie auf der Strecke rechnen. Verschieben Sie unter Umständen die Trichinenproben auf den Folgetag – nur werden Sie sich über das Procedere mit Ihren Helfern im Vorfeld einig.

Bei uns wird zum Streckelegen unser nichtjagender Tierarzt eingeladen. Er hat Getränke und Suppe frei, macht hier nebenbei „Unterricht" in Wildbrethygiene, dann dort eine Fleischbeschau. Da wir über hinreichend Helfer verfügen, fährt er, nachdem er locker für zwei gegessen hat, mit den Trichinenproben und dazugehörigen Formularen ab. Aber: Er muss rechtzeitig eingeladen werden, damit er gegebenfalls seinen Dienst am Wochenende entsprechend einteilen kann.

Die Stücke sind (gerne hängend) aufgebrochen und gekennzeichnet? Wiederum zwei oder mehr Helfer bewegen nun das Wild (zusammen mit den Erlegern) die paar Meter weiter zum mit Ästen und Fackeln dekorierten Streckenplatz. Brüche wurden auch schon vorbereitet. Dort beschäftigen sich weitere Personen mit dem Legen der Strecke – weitere Personen, bitte nicht die Jagdleitung!

Das liest sich bis hier hin doch ganz gut. Rückmeldungen alle eingetroffen, Funktioner gebucht, Hunde gesichert? Prächtig. Dann können wir uns diesen und kommenden Monat mit den Drückjagdständen befassen und hoffnungsfroh auf den anberaumten „Hochzeitstermin" im Oktober warten.

Der Jagdmonat August

Die Jagdzeit auf Rothirsche hat begonnen! Natürlich muss dieser erste Satz mit einem Ausrufungszeichen beschlossen werden, wie anders? Wie viele Jägerinnen und Jäger am letzten Abend des Juli wohl schon ausgezogen sind, um in den Morgenstunden des 1. August bereits vor Ort zu sein – im Revier, in der Jagdhütte oder schon die Nacht über auf der aussichtsreichsten Kanzel verbringen?

Es gibt immer wieder Termine im Jahr, an denen ich derartige Gedanken hege, viel an Jagdfreunde denke, aber auch an mir völlig unbekannte Nimroden. Der 1. Mai ist auch so ein Datum, der 31. Januar ein weiterer Termin. Wie viele Jägerinnen und Jäger sitzen dann wohl an?

Wie unterschiedlich die Jäger in diesen Tagen an die Rothirsche herangehen müssen: Befinden wir uns in einem Rotwildrevier, aus dem die Hirsche abwandern? Ist es ein Kahlwildrevier, in das die Hirsche nur zur Brunft ziehen? Oder handelt es sich um eines der glücklichen Reviere, das ganzjährig Hirsche und Kahlwild beherbergt?

Die Uhr tickt

Unsere Jagdfreunde nur wenige Kilometer weiter haben nicht viel Zeit, da sie in einem Revier jagen, das den Geweihten „nur" als Feisteinstand dient. Hier lautet die Devise: Wir müssen früh unseren Hirsch/unsere Hirsche bekommen, sonst sind sie zur Brunft weg.

Anfang August wird hier früh morgens und am Abend bis zum letzten Büchsenlicht angesessen. Aber wo? Die Hirsche, die wir eben noch im Feld antreffen konnten, stehen nun – frisch verfegt und unsichtbar – in den Beständen, in Feldholzinseln oder haben damit begonnen, zwischen Wald und Feld hin und her zu pendeln. Wo liegen ihre Einstände? Welche Äsung nehmen sie jetzt an?

Vorteilhaft wirkt sich im August aus, dass viele Hirsche (noch) im Rudel stehen und uns so den Vergleich be-

Auch er ist ein Feisthirsch – und ein besonders hoffnungsfroher noch dazu! Foto: Hans-Werner Griepentrog

ziehungsweise die Altersansprache erleichtern. Den da hinten hätte ich hinsichtlich seiner Trophäe schon als stark angesprochen, aber wenn man erst den anderen hier vorne sieht …

Ein Nachteil ist zwangsläufig die Beunruhigung des Reviers durch unsere Präsenz und unsere Jagd. Gibt es eine reelle Chance oder störe ich zu massiv?

In Feldrevieren stellt sich diese Frage nicht, denn nicht nur die Herren Geweihten drehen an der Uhr: Wann, so bangt der Jäger, werden die nächsten Getreideschläge abgeerntet, wann kommt der Mähdrescher? Hilft der Regen, die Ernte zu verzögern (entschuldigt, verehrte Landwirte) oder nimmt er mir das Büchsenlicht? Manchmal entscheiden wenige Stunden darüber, ob die Erlegung des ersehnten Hirsches noch gelingt.

In Waldrevieren, aus denen irgendwann die Feisthirsche abwandern, stellt sich die Lage ähnlich dar. Wenigstens der Aspekt der Ernte bleibt den Waidmännern hier aber erspart. Doch lauert anderes Ungemach: Der traditionelle Sommerlauf des Sportvereins führt nicht durch den Weizen, sondern durch den schönen Forst, das internationale Treffen der Distanzreiter sieht Strecken durch die Wälder vor, nicht durch Maisschläge. Sind also die Reiter schuld? Mitnichten! Die „Gefahr" – so unbestimmt sie auch sein mag – ging aus Sicht des Rotwildes noch nie von

Reitern aus, auch nicht von Kutschfahrern. Die Distanzreiter aus vielen Nationen konnten, wie die Kutschfahrer, hinterher eine Menge über das Wild berichten, das sie unterwegs angetroffen hatten.

Die unbestimmte Gefahr stellen Jäger dar: Tägliches Abfährten abseits großer Hauptwege lautete das Todesurteil für die erfolgreiche Feisthirschjagd. Jeden Tag wird selbst in den Einständen abgefährtet, dauerhaft nachts und vor allen Dingen an vielen Stellen angesessen. Die heimlichsten Suhlen werden aufgesucht, nur um mit der Erkenntnis zurückzukommen, ob nun darin eine Hirschfährte steht oder nicht.

„Was will der Hirsch?" – nicht „Was wollen Sie?"

Wieder ging unser Gedankengang von der falschen Richtung aus, wieder haben nur die Jäger sich selbst im Blick. Wie kann ich an den Hirsch herankommen, wie kann ich feststellen, wo ein Geweihter zieht?

Denken wir doch einmal anders herum: Was brauche ich denn als Feisthirsch? Welche Äsung hätte ich gerne? Wo kann ich mich abkühlen, wo finde ich (wichtig!) meine Ruhe? Der Herr Feisthirsch hat zwei verwundbare Stellen: Zunächst ist die Äsungsaufnahme sein oberstes Gebot. Daher kommt der Äsung im Revier eine große Bedeutung zu. Schaffen wir es, durch besondere Leckerbissen unsere Feisthirsche einerseits an das Revier zu binden und andererseits sie auf diese Flächen zu locken?

Die zweite Achillesferse des Geweihten: Nichts liebt der Feisthirsch in den heißen Sommertagen mehr als ein kühlendes Schlammbad! Jetzt bewähren sich unsere Suhlen, die wir rechtzeitig gepflegt haben und an denen auch schon seit langer Zeit Ruhe herrscht. Liegt eine davon zwischen Äsungsflächen (im Feld oder an einer unserer Wildwiesen) und den bewährten Einständen? Der Ansitz an diesen Suhlen lohnt sich sogar um die Mittagsstunden und birgt um diese Zeit noch einen Vorteil: Wir stören nicht beim Aus- und Einwechseln in den Abend- und Morgenstunden, haben – hoffentlich – eine genaue Vorstellung, wo der Hirsch herkommt (Einstand) und wo er hin will (Äsung/Suhle). Zudem haben wir den Wind vor Ort rechtzeitig und gewissenhaft prüfen können. Und wieder lautet zum oben genannten Beispiel die Kernfrage: Was mögen Hirsche nicht? Im Revierteil XYZ liegt eine schon in den vergangenen Jahren gerne von den Feisthirschen frequentierte Fläche. Muss ich da täglich komplett drumherum laufen, um abzufährten? Bitte nicht.

Wir haben an einer Wildackerfläche eine kleine Ansitzeinrichtung. Sie steht circa fünfzig Meter tief im lichten Bestand und ist gut gedeckt anzugehen. Beim vierten Ansitz fiel ein Achter, abgefährtet hat vorher und hinterher niemand. Wozu auch? Am Rande des Äsungsstreifens waren längst zwei Suhlen entstanden und auf dem Acker war alles frisch und saftig grün.

Ein Achter? Fast immer verknüpfen wir unsere Gedanken und Bemerkungen rund um den Feisthirsch mit alten Recken. Aber warum nicht auch in anderen Klassen eingreifen? Es ist doch letztlich nur zielführend, jetzt schon einen III b zu schießen (heute gerne auch „Jugendklasse" genannt).

Bitte kein Futterneid, liebe Mitjäger. Um im Sprachbild zu bleiben: Diese Erlegung erbrachte über 100 Kilogramm bestes Wildbret, aber keinen Brunftfleck und keinen Gestank ...

Von wegen Gespenst – allenfalls gespenstig faul

Jeder Rotwildjäger kennt den albernen Spruch: „Der Feisthirsch ist ein Waldgespenst, das Du nur ahnst, doch niemals kennst ..."

Wer häufig die Gelegenheit hat, die „Waldgespenster" zu beobachten, stellt fest, dass sich viele Mythen und Sagen auf einen menschlichen Wesenszug reduzieren lassen: Faulheit (siehe dazu auch das Bild auf Seite 51 oben). Geringer Bewegungsradius, großes Ruhebedürfnis, gute Äsung – auf diesen unspektakulären Dreiklang beschränkt sich der Rothirsch in der Feiste, seinem pivaten Sommerloch, das bis zum September andauern kann.

Ob alter Recke oder jüngerer Hirsch: Die Jagd auf den Feisthirsch ist vielerorts Knochenarbeit. Hitze, Zeitaufwand, Mücken, Termindruck (Beruf, Familie, Schulferien, Gäste usw.) verlangen vom Jäger viel Planung sowie innenpolitisches (Ehefrau, Kinder, Urlaub ...) und außenpolitisches (Firma, Job ...) Geschick.

Organisation einer Drückjagd – die doppelte Bestuhlung

Entschuldigen Sie, dass ich Sie bezüglich Ihrer Feisthirsch-Aktivitäten unterbreche, aber die „Hochzeitsplanung" muss weitergehen. Wir beschäftigen uns nun mit Sitzordnungen und Tischkärtchen, kurz: Neben einem koordinierten Anstellen der Schützen und dem gezielten Treibereinsatz ist die Position der Drückjagdsitze maßgeblich für den Erfolg bei einer Bewegungsjagd auf Rotwild verantwortlich!

Selbstverständlich möchte der Jagdherr jedem Schützen das Gefühl vermitteln, einen erfolgversprechenden Stand bezogen zu haben. Auf diese Weise werden häufig Lichtungen, Waldwege und Wiesen als vermeintlich gute Stände auserkoren. Ein solches Vorgehen beschert dem Schützen zwar durchaus Anblick, jedoch kommen nur wenige von ihnen zu Schuss, wobei außerdem die Trefferlage vergleichs weise schlecht ausfällt. So währt die Freude über die schöne Aussicht auf eine breite Waldwiese nur kurz, wenn am Ende der Jagd kein sicherer Schuss möglich war oder gar Nachsuchen anstehen. *„Das Rudel hat die Fläche in hohem Tempo überwunden und ist erst im Bestand wieder langsamer geworden"*, heißt es dann regelmäßig, wenn Schützen beim Schüsseltreiben von ihren Erlebnissen berichten.

Rotwild hat einen Plan, Rehwild nicht

Unter Beunruhigung und Jagddruck ist Rotwild in der Lage, sowohl kleinräumig zu reagieren, als auch bei unmittelbarer Gefahr das Geschehen über längere Distanzen zu verlassen. Dabei überquert das Wild Freiflächen und Schneisen oftmals nur flüchtig. Auffällig hingegen ist das ruhige, aber zielgerichtete Vorgehen der Rudel innerhalb der Dickungen und Stangenhölzer. So erscheint das Wild in dichteren Beständen häufiger langsam.

Darüber hinaus wählt Rotwild oft frequentierte Wechsel, agiert jedoch stets äußerst überlegt. Während sich Rehwild derweil kleinräumig bewegt, sich wegdrückt oder oft planlos flüchtet, Schwarzwild auf dem kürzesten Wege – und sei es durch einen Treiber hindurch – von einer Deckung zur nächsten flüchtet, hat Rotwild das Haupt stets oben! Rot- und Damwild flüchten daher gerne oft durchs raume, helle Holz, Sauen hingegen durch/in das Dunkle des Waldes.

So steht ein Drückjagdstand günstig, abseits der Wege an einem Wechsel.

Mit Überlegtheit ist Rotwild in der Lage, Lücken in unserem Drückjagdsystem auszumachen und zu nutzen. Nicht selten scheint das Leittier beim Zwischenstopp über das weitere Vorgehen geradezu nachzudenken, um daraufhin zwischen zwei Schützen sein Rudel aus dem Treiben zu führen.

Ein schönes Beispiel für eine doppelte Möblierung: Kanzeln an den Gestellen (Grün), Drückjagdböcke im Bestand (Rot). Skizze: Reinhard Behn

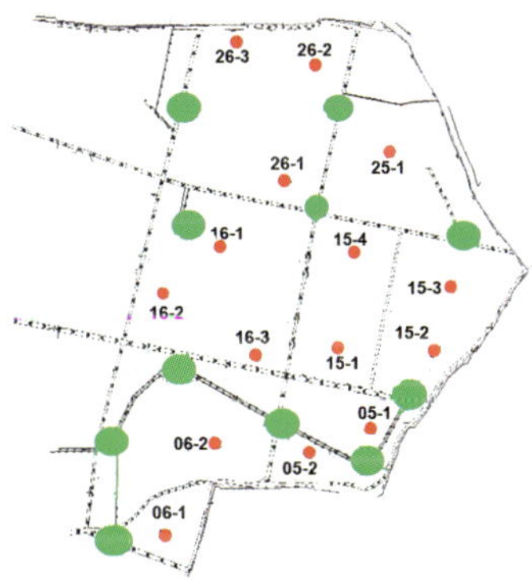

Weg von den Wegen und runter von den Kanzeln

Ein guter Drückjagdstand für die Jagd – nicht nur für Rotwild – befindet sich somit nicht an einem Waldweg oder auf der Lichtung, sondern im Bestand. Das Schussfeld mag dort kleiner sein, indes wechselt das Wild in der Regel wesentlich langsamer an. Aufgrund der kurzen Distanzen und des langsam ziehenden Wildes, werden somit nicht nur gute Schüsse möglich, sondern auch das Ansprechen des Wildes fällt oft leichter.

Immer wieder ist zu beobachten, dass Revierinhaber auch bei Drückjagden ihre Kanzeln besetzen lassen. Diese sind nicht nur aus den genannten Gründen ungeeignet. Sie bieten zudem zu wenig Übersicht, ermöglichen es dem Schützen nicht, „mit den Ohren zu jagen". Ferner sind Kanzelfenster niemals ein Ersatz für offene Drückjagdböcke. Wie mitschwingen, wenn das Wild kommt? Auch Jäger auf die Plattformen vor der Kanzeltür zu platzieren, ist keine Lösung und ist oft genug auch noch gefährlich. Wir brauchen daher eine zweite Garnitur Reviereinrichtungen, die voll auf die Belange einer Drückjagd zugeschnitten sind. Diese „doppelte Bestuhlung" ist der Kern der Drückjagdplanung und für die Verteilung der Stände sowie den Jagderfolg von maßgeblicher Bedeutung!

Immer Veränderungen unterworfen

Denken Sie bei der Einrichtung wie ein Leittier, nicht wie ein Jäger! Wo bietet sich Deckung? Wie kann ich mein Rudel unbeschossen aus dem Treiben führen? Wo habe ich Übersicht? Wo finden sich bekannte und vertraute Wechsel, die auch unter Druck immer wieder angenommen werden? Um die Stände dann ideal auszuwählen, sind eine gute Revierkenntnis und ständige Optimierung unumgänglich. Nur wer (wie wir) schon mehrere Male im Rotwild seinen Meister gefunden hat, wird nach und nach sein Konzept finden, das ein Zusammenspiel aus Standwahl, Anstellen der Schützen und Vorgehen beim Treiben beinhaltet. Unsere Drückjagdkonstrukte sind nie starre Angelegenheiten. Jedes Jahr verändert sich das Revier, jedes Jahr wird weiter optimiert, Schützen befragt, Ergebnisse ausgewertet: Vermeintliche Kaiserstände waren keine, unscheinbare Randlagen erbrachten jedes Jahr Erfolge.

Es gibt sogar Stände, die werden von uns bewusst „schlechter gestellt". Dort, wo sich Gefährdungsbereiche auftun (Straßen, Nachbarstand etc.), versetzen wir die Sitze dergestalt, dass zwar Schussmöglichkeiten wegfallen, dafür aber die verbleibenden beherrschbarer sind.

Juli/August ist die Zeit, in der wir alle unsere Drückjagdböcke kontrollieren, gegebenfalls reparieren oder manche umstellen. Hierzu ein kleiner Einschub: Wir nutzen zumeist den Juli, seltener die erste Augustwoche für die Rundfahrt zu den Drückjagdböcken. Wir können uns den Monatsbeginn gerade noch er-

Wie man seine Drückjagdböcke exakt baut, ist Geschmackssache. Wichtig ist aber eine ausreichend große und rutschsichere Plattform.

Pfeile und Ausrufungszeichen lassen erkennen, wo nicht hingeschossen werden darf. Zwischen den Markierungen sitzt der Standnachbar! Wer selten jagt oder wenige Stände hat, benutzt Trassierband, das nach Ende der Jagd entfernt werden kann.

lauben, da bei uns erst gegen Mitte August Hirsche zuwandern. Planen Sie Ihren Drückjagdtermin im Dezember, reicht es völlig aus, diese Tour im Oktober zu machen. Wichtig ist nur, mindestens zwei Monate vor dem Drückjagdtag mit den Arbeiten fertig zu sein. Zudem herrscht drei Wochen vor dem Drückjagdtermin Jagdruhe! Wieder auf unser Revier reflektiert, bedeutet dies: Wenige Einzelansitze im August und September, ab ca. 1. Oktober absolute Ruhe bis zur Drückjagd.

Stände aus Lärche, Douglasie oder Eiche (letztere hält sehr lange, ist aber sehr schwer) haben sich bewährt. Ob jemand alle Böcke mit Tarnnetzen verblendet oder stattdessen Schwarten oder Äste benutzt, ist Geschmackssache und dem Zeitaufwand geschuldet. Wer kann, baut seine Drückjagdeinrichtungen per Schablone, um die Arbeitsabläufe zu optimieren.

Wichtig ist eine ausreichend große Bodenfläche, die genug Standplatz für den Schützen gewährleistet. Nach verschiedenen Versuchen, diese Plattform möglichst rutschsicher zu machen (zum Beispiel mit Maschendraht), sind wir nun dazu übergegangen, nur einige Krampen in die Bodenbretter einzuschlagen. Draht macht zwar die Bodenbretter sicherer, allerdings bleibt auch eine Menge

Nadelstreu und Blattwerk darin hängen. Die Folge war bei uns ständig moderndes Holz. Kurzerhand wurde der Draht wieder entfernt. Die übrig gebliebenen Krampen erfüllen von da an ihren Zweck. Neue Sitze erhalten Krampen in die Bretter und fertig ist ein Noppenprofil, das guten Stand gewährleistet.

Farbe an die Bäume – nicht schön, aber sicher

Der Sitz steht stabil, Steine liegen unter den Ständern, Gewehrauflage (beweglich, optional einsetzbar) und das Sitzbrett (hochklappbar) liegen oben. Nun werden die Markierungen kontrolliert oder erneuert. Deutliche, weithin sichtbare Farbzeichen weisen die Wege zu jedem Drückjagdbock. Jeder noch so ortsunkundige Schütze muss mit Hilfe dieser klar ersichtlichen Kennzeichnung den Weg zu seinem Stand finden können. Umherirrende Jäger, die ihren Drückjagdbock nicht auf direktem Wege beziehen, sind nicht nur Gefahren ausgesetzt, sondern können die jagdstrategischen Planungen komplett zunichte machen!

Der Drückjagdbock ist frei geschnitten, ein weiteres Bäumchen gefällt, die Markierung zum Stand ist fertig – jetzt heißt es erneut: Platz nehmen. Ein Helfer dirigiert von oben einen zweiten Mann zu den letzten Hindernissen, die unbedingt abgesägt werden müssen.

Zweite entscheidende Frage: Wer kann wen gefährden? Besteht von diesem Stand auch nur die vageste Chance, einen anderen Stand zu beschießen, werden Sicherheitssektoren an die Bäume gesprüht. Große Ausrufezeichen in Kombination mit Pfeilen lassen den Jäger später erkennen, welchen Sektor er keinesfalls beschießen darf. Diese Bemalung des Sektors wird anschließend sofort von der Gegenseite wiederholt. Später wird auch von dem anderen Stand aus zurückgepeilt, ob die Markierungen richtig angebracht worden sind. Wer sich entschließt, bei seiner Jagd Standkarten zu verteilen, trägt dann bitte in diese Schriftstücke die Sicherheitssektoren mit ein.

Am Fuße der Reparatur- und Neuerrichtungsrunden wird daheim die Revierkarte überarbeitet. Die neuen Stände werden erfasst, abgebaute Sitze gestrichen. Die Revierkarte bildet die Grundlage für jenes Kartenwerk, das unsere Ansteller/Gruppenführer bekommen. Gibt es neue Gruppenführer, werden diese jetzt – und nicht erst kurz vor der Jagd – in ihren Parcours eingewiesen. Idealerweise rekrutieren wir unsere späteren Ansteller gleich aus dem Kreis der Reparatur-Helfer. So sind einige von ihnen schon jetzt über Veränderungen im Bilde.

Vier bis sechs Personen, aufgeteilt in zwei Teams, und ein einziges Wochenende reichen uns in der Regel, dann ist unsere doppelte Bestuhlung wieder auf dem neuesten Stand. In großen Revieren dauert dies natürlich ungleich länger. Noch ein guter Grund, rechtzeitig anzufangen. Aber nun steht ja alles am rechten Platz, die Jagd im Herbst kann kommen, der „Hochzeitstag“ ist gut vorbereitet. Die Vorfreude bei allen Beteiligten steigt.

Deutliche, weithin sichtbare Farbzeichen und Flatterband weisen die Wege zu jedem Drückjagdbock. Jeder ortsunkundige Schütze muss mit Hilfe dieser Kennzeichnungen den Weg zu seinem Stand finden können. Foto: Reinhard Behn

Wer sich entschließt, bei seiner Jagd Standkarten zu verteilen, druckt auf der Rückseite dieser Schriftstücke bitte die Sicherheitssektoren auf. Auf der Vorderseite finden Telefonnummern, Freigabe und so weiter Platz.
Skizze: Jonas Burkhardt/Timo Hilgers

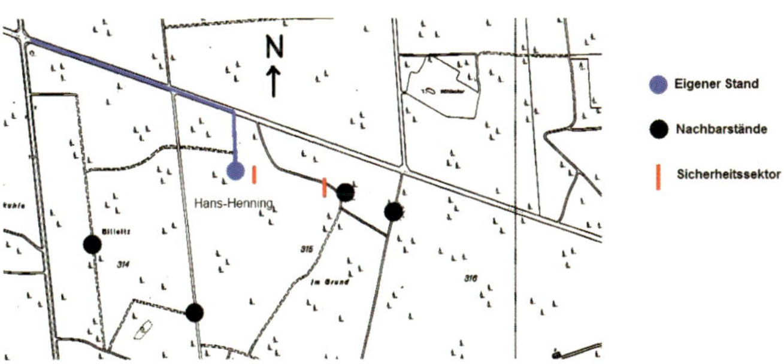

Der Jagdmonat September

Die Haupterntezeit des Landwirtes nähert sich in diesem Monat dem Finale, die Haupterntezeit des Jägers beginnt ebenfalls. Der Jagdschein offenbart, dass der „Feldjagdmonat" oder „Schneiding", wie der September auch genannt wird, vielfältige Jagdfreuden bereit hält. Doch noch ein weiterer Name für den September ist bezeichnend: „Herbsting". Die dritte Jahreszeit ist angebrochen.

Beim Rotwild beginnt die hohe Zeit der Brunft, die Enten fliegen und die Waldschnepfen ziehen. Der Herbst beginnt für mich – ganz subjektiv – mit dem schönsten Monat des Jahres. Der September hat noch etwas von Altweibersommer. Morgens Nebel und Kühle beim Verhören der Hirsche, vormittags fallen Jacke und Weste, weil das Thermometer doch wieder 20 Grad erreicht. Gegen Abend kommen beide Kleidungsstücke wieder zum Einsatz, wenn ein herrlicher Sonnenuntergang einen schönen Septembertag beschließt. Was für ein Monat!

Natürlich dominiert die Brunft des Rotwildes die Gedanken der Jäger im September. Im Flachland beginnt sie bereits gegen Anfang, im Gebirge erst gegen Ende des Monats. Ich bin mir immer noch nicht sicher, was mich generell in der Natur am meisten beeindruckt: das Rufen ziehender Gänse, das Trompeten balzender Kraniche oder das imposante Röhren des Rothirsches. Jetzt ist September und die ersten Schreie wecken bei mir und den Jagdgästen freudiges Erwarten.

Kommen bekannte Hirsche wieder? Wie haben sie sich entwickelt? Wie wird das Wetter? War manchem Jäger das Jagen auf den Feisthirsch noch zu ungewiss und zu umständlich, rufen uns nun die roten Herren wenigstens lautstark an ihre Aufenthaltsorte.

Das ist der ideale Zeitpunkt, sich einmal ein paar grundsätzliche Gedanken zur „Knochenkunde" zu machen. Wenn wir schon – gemäß Hegerichtlinien – unter anderem mit den Trophäen und ihren Qualitäten arbeiten müssen, ist es ja nicht schädlich, das alte Jungjägerwissen noch einmal hervorzukramen. Wie war das noch mit den Geweihen?

Da versucht doch gleich zu Monatsbeginn ein junger Herr den Platzhirsch zu geben – noch darf er. Foto: Katrin Burkhardt

Theorie und Praxis

Dass nach Beendigung des Geweihwachstums der Bast abgefegt wird, wissen wir. Aber, dass die Form des Geweihs artspezifisch, regional unterschiedlich, sowie vom Alter und Gesundheitszustand des Tieres abhängig ist, führt uns so mancher Hirsch alljährlich neu vor Augen.

Sicher, die Altersansprache nach der Trophäe funktioniert nicht, sie ist nur ein Parameter neben Verhalten,

Körpermasse, Rücken- und Bauchlinie, Wamme und so weiter. Dennoch ziehen wir die Trophäe, ihre Endenzahl und mancherorts auch ihr Gewicht, zur Klassifizierung beziehungsweise Einteilung in Güteklassen heran. Wir tun dies mehr oder weniger subjektiv (siehe Jagdmonat März)!

„Die vielendige Krone ist das arttypische Merkmal des europäischen Rothirsches. Sie verleiht durch ihre unglaubliche Variabilität dem Rothirschgeweih seinen eigenartigen, persönlichen Charakter. Dieser Gestaltungsreichtum ist der Grund, dass man sich bis heute über (...) die Vererblichkeit und über die formativen Kräfte ihrer Bildung nicht hätte einigen können", schreibt Joachim Beninde in seinem Werk „Zur Naturgeschichte des Rotwildes". Er führt weiterhin aus: *„Eine strenge Vererblichkeit der Kronenform (...) lässt sich nicht halten. Unbekannte äußere oder innere Einflüsse sind imstande, am Individuum Umgestaltungen zu erzielen (...)"* Ich darf an dieser Stelle daran erinnern, dass Benindes Buch bereits 1937 erschienen ist.

Cäsars Kronen

Der Rominter Hirsch „Cäsar" hat im Laufe von elf Jahren nicht weniger als fünf angeblich erbliche Kronentypen geschoben:

1917/1918	Becherkrone
1919/1920	Hand- bez. Fächerkrone
1921	Maralkrone
1922/1925	Stufenkrone
1927	Doppelgabelkrone

Aus: Joachim Beninde, „Zur Naturgeschichte des Rothirsches", 1937, Paul Parey Verlag

Luxuscharakter und Momentaufnahme

Was uns die Trophäe – in Extremfällen sehr deutlich – vermitteln kann, ist der Gesundheitszustand des Hirsches zum Zeitpunkt des Geweihwachstums. Erinnert sei in diesem Zusammenhang an die Folgen von Laufverletzungen, die sich spiegelbildlich in die Stangen schreiben, an Bastverletzungen oder andere massive Eingriffe. Aber auch ein schlechter Ernährungszustand sowie fortwährender Stress schla-

Er war im 15. Lebensjahr, wie eine Untersuchung an der Tierärztlichen Hochschule Hannover ergab. Wer Zweifel am Alter eines Hirsches hegt, schickt den Unterkiefer fachkundigen Personen zu, die, zum Beispiel mit Hilfe von Fuchsin und Tuloidinblau, das tatsächliche Lebensalter bestimmen.

gen sich im Geweih nieder. Das Alter des Hirsches lässt sich daher am Geweih mit Sicherheit nicht bestimmen.

Besonders der ein oder andere uralte Methusalem führt uns die Vergänglichkeit des Geweihs vor Augen. Das „Zurücksetzen" im Alter ist ein Phänomen der Cerviden, das es bei Boviden nicht geben kann. Ein kapitaler Widder kann eben nicht mehr klein schrumpfen. Ein Rothirsch hingegen kann sehr wohl, ab seinem Geweih-Kulminationspunkt, eine immer kleinere Haupteszier ausbilden.

Daher muss man ein Geweih immer als Momentaufnahme begreifen. Insbesondere die Bildung von Kronen unterstreicht den Luxuscharakter dieser Stirnwaffen. Einem Geweih liegt zwar im gewissen Umfang ein genetischer Bauplan zu Grunde, aber mannigfaltige Umwelteinflüsse lassen die tatsächliche Ausbildung der Trophäe sehr variieren. Ich bin der Auffassung, dass sich die Genetik nur in geringem Maße in die Trophäe hineinschreibt und es stattdessen die Umwelteinflüsse sind, die im überragenden Maße die Ausbildung der Trophäe begünstigen oder behindern.

So sieht ein IIIb-de Luxe aus. Eine Bastverletzung machte diesen Hirsch in unseren Augen „abnorm". Foto: Jens Matzke

Lohn der Hege? Nun wollen wir für den Erleger hoffen, dass mindestens der „Referenzkiefer 10-jährig" der Trophäenbewertungskommission Ähnlichkeit mit den Zähnen seines Hirsches hat.

Säugend, führend, schützend

Der scharfe Wind lässt uns beim Stelldichein die Mantelkragen hochschlagen. Wir haben Ende Oktober, die kalte Seite des Herbstes hat längst jeden Anflug von Altweibersommer abgelöst. Es ist noch dunkel, als der Jagdleiter uns zusammenruft, um die Freigabe zu verkünden. Über 50 Jäger und mehrere Hundeführer mit ihren Wachtelhunden stehen in der Runde. Hier und da glimmt eine Zigarette auf, eine Thermoskanne macht schon die Runde, irgendjemand ist gerade dabei, seine beiden Taschenöfchen anzuwerfen.

Unter dem Licht zweier Taschenlampen verliest der Jagdleiter seine Anweisungen. Auch er scheint es angesichts des kalten Windes eilig zu haben und möchte alsbald mit der Jagd beginnen. Diese Jagd kombiniert einen Frühansitz mit einer Bewegungsjagd auf einer sehr großen Fläche. Schon beim Einwechseln sollen erste Stücke fallen, später wird auch mit Hunden beunruhigt, gegen 11.30 Uhr soll die Jagd dann vorbei sein.

Wir erhalten folgende Einweisung: *„Bei Rot- und Damwild sind alles Kahlwild und Kälber beiderlei Geschlechts sowie IIIb-Hirsche frei. Beim Rehwild sind Ricken, Schmalrehe und Kitze frei. Bitte"*, so formuliert der Jagdleiter, *„erlegen Sie Kalb vor Tier, Kitz vor Ricke"*. Dies, so führt er aus, sei ja ohnehin selbstverständlich, dennoch wollte er die Regel noch einmal angesprochen haben. Beim Schwarzwild gab er *„alles Schwarzwild außer führende Bachen"* frei.

Am Ende der Jagd lagen im Falle des Rotwildes weitaus mehr Tiere als Kälber, beim Damwild überwogen die Kälber, beim Rehwild die Kitze. Im Falle des Schwarzwildes kamen diverse männliche und weibliche Überläufer, Frischlinge und eine Bache zur Strecke. Letztgenannte wog 58 kg (mancher Überläufer auf der Strecke war stärker) und wies keine Milch führenden Zitzen auf. Die Gespräche beim Schüsseltreiben rankten sich vornehmlich um zwei Themen: Führten die „überzähligen" Rottiere alle nicht? Wenn sie führten – wie ergeht es ihren Kälbern jetzt? Hatte der Schütze der Bache leichtsinnig gehandelt oder gut angesprochen?

Aus der Jägerprüfung: Wann kann weibliches Schwarzwild erstmals frischen? Antwort: Vor dem Ende des 1. Lebensjahres.

Welche Konsequenzen hätten den Schützen gedroht? Tatsache ist, dass auch in unserer Runde Unsicherheit über die Rechtslage herrschte und zunächst auch wildbiologische Fragen offen blieben.

Beginnen wir mit der Rechtsunsicherheit, denn ein Blick ins Gesetz gibt nur im ersten Moment Antworten auf unsere Fragen: *„In den Setz- und Brutzeiten dürfen bis zum Selbständigwerden der Jungtiere die für die Aufzucht notwendigen Elterntiere, auch die von Wild ohne Schonzeit, nicht bejagt werden. Die Länder können für Schwarzwild (...) sowie für den nach Landesrecht dem Jagdrecht unterliegenden Tierarten (...) Ausnahmen bestimmen"* (§ 22 Abs. 4 Satz 1 BJG). § 38 Abs. 1 Nr. 3 BJagdG besagt gar: *„Mit Freiheitsstrafe bis zu fünf Jahren oder mit Geldstrafe wird bestraft, wer entgegen § 22 Abs. 4 Satz 1 ein Elterntier bejagt."* § 38 Abs. 2 BjagdG legt zudem fest: *„Handelt der Täter fahrlässig, so ist die Strafe Freiheitsstrafe bis zu sechs Monaten oder Geldstrafe bis zu einhundertachtzig Tagessätzen."*

Nun befinden wir uns Ende Oktober keineswegs in den Setz- und Brut-

Ich habe lange überlegt, ob ich diese Bilder zeige, da ihre Qualität so schlecht ist. Kein Wunder, sind es doch Aufnahmen mit einem ganz normalen Handy. Ich möchte sie dennoch vorstellen: Zwischen beiden Bildern liegen geschlagene 45 Minuten, bis ein Rotkalb selbstständig aus dem Bestand wechselte, um bei dem Tier vorne links zu säugen.

zeiten. Und selbst diese weichen zum Teil bemerkenswert voneinander ab, da sie per Verordnung durch die Länder festgeschrieben werden.

Selbständigwerden und zur Aufzucht notwendig

Was die Beurteilung so schwierig macht, ist unsere Unsicherheit, inwieweit Tiere über die Setzzeiten hinaus „bis zum Selbstständigwerden“ auf die „Aufzucht ihrer Elterntiere angewiesen“ sind. Eine Freigabe wie oben („Alles Schwarzwild außer führende Bachen“) stehe, so äußerten sich mehrere Jäger bei der oben skizzierten Jagd, im Widerspruch zur weithin akzeptierten Erlegung von beispielsweise führenden Rotalttieren auf (früh-)herbstlichen Drückjagden. Die Problematik aller unserer Definitionsbemühungen zeigen auch verschiedene Kommentare der Jagdgesetzgebung immer wieder auf:

„Selbständig geworden ist ein Jungtier, sobald es sich selbständig fortbewegen und sich selbst Nahrung verschaffen kann; zur Aufzucht notwendig sind Elternteile insoweit, als ohne sie das Jungtier zugrunde gehen würde.“ (MITSCHKE/SCHÄFER).

Niemand, so äußerten sich weiterhin Teilnehmer unserer Runde, der waidgerecht jagt, könne sich hinter der Formulierung „in den Setz- und Brutzeiten“ verstecken und behaupten, damit gäbe es im Jahr einen Zeitraum, der sich auf den Schutz der Elterntiere beschränken würde. Ein Nimrod formulierte: *„§ 22 Abs. 4 dient dem Tierschutz. Das Leiden elternlos gewordener Jungtiere soll verhindert werden.“*

Wir nehmen das wie selbstverständlich für führende Bachen ganzjährig in Anspruch, für Kälber und Kitze aber nicht?

Es herrschte unter den Jägern Einigkeit, dass es mannigfaltige Fälle gibt, in denen Elterntiere auch außerhalb der Setzzeit zur Aufzucht notwendig sind und deren Nachwuchs ohne sie zugrunde gehen würde.

Aus der Jägerprüfung: Beim Ansitz auf Rotwild hat ein Jäger einen Familienverband aus Alttier, Schmaltier und Kalb vor sich. Kann er in der Annahme, dass das dann verwaiste Kalb vom Schmaltier weiter geführt wird, das Alttier unbesorgt erlegen? Antwort: Nein

Ohne Mutter völlig hilflos

Immer wieder beschäftigen wir uns mit „führenden Stücken", über deren Funktion allerdings Unklarheit herrscht, da der Begriff missverständlich ist. Wo sollen wir trennen? Ein zur Aufzucht notwendiges Tier füttert/säugt den Nachwuchs. Ein führendes Tier führt „nur", aber füttert/säugt nicht? Was genau beinhaltet alles der Begriff „führen"? Wie wichtig ist er für das Überleben? Wenn die Absicht des Gesetzgebers der Schutz der unselbstständigen Jungtiere ist, gibt es je nach Wildart und aus Sicht des Nachwuchses (!) ganz unterschiedliche Qualitäten. Können wir die Fragestellungen für Rotwild wildbiologisch klären?

Der Führungsrolle eines weiblichen Stückes kommt beispielsweise bei Rot- und Damwild eine enorm wichtige Bedeutung zu. Zur Aufzucht gehört, neben dem Säugen des Kalbes, selbstverständlich auch dessen Anleitung, Führung und Verhaltensprägung. Wer schon einmal verwaiste (orientierungslose) Rot- oder Damkälber beobachten konnte (deren bis dato führende Mütter/Alttiere im Rahmen einer frühherbstlichen Drückjagd geschossen wurden), kann sich beim besten Willen nicht vorstellen, dass deren Leiden vom Gesetzgeber gewollt sein sollte.

Denn wann ein Rotwildkalb tatsächlich entwöhnt ist, entscheidet sich im ersten Herbst nach der Geburt. Wird die Mutter während der Brunft erfolgreich beschlagen, wird das Kalb ab Dezember, in Einzelfällen ab Januar, nicht mehr beim Säugen geduldet. Zudem ist – weit über das Säugen hinaus – die Integration eines Rotkalbes über seine Mutter in das Rudel notwendig. Das Rotkalb definiert sich über sein Alttier!

Folgerichtig werden Kälber ohne Mutter im Rudel nicht geduldet und von den anderen Rudelmitgliedern abgeschlagen. Das im Herbst bereits mutterlose Rotkalb ist einem enormen Stress ausgeliefert. Es wird in keinem Rudel mehr geduldet, erleidet eine unerträgliche Vereinsamung und irrt orientierungslos umher. In der Folge bleiben diese verwaisten Kälber in ihrer Entwicklung zurück (s. dazu auch Jagdmonat Mai, Gewichte der Schmalspießer und -tiere).

Aus dem WILD und HUND-Forum: *„Der LJV Hessen jedenfalls befürwortet keinesfalls den Abschuss füh-*

render Alttiere vor Dezember und hält dies für einen Verstoß gegen die Waidgerechtigkeit." (LJV-Präsident Dietrich Möller). Kommentar im Forum: *„Ab Dezember, so kann diese Aussage auch gelesen werden, leidet die Waidgerechtigkeit nicht, wenn versehentlich das Tier vor dem Kalb liegt."*

Dr. Helmut WÖLFEL formulierte drastisch, dass der Alttier-Abschuss vor der Brunft das *„Todesurteil für das Kalb"* ist. Fazit: Unabhängig jeglicher Formulierungen des Gesetzgebers, lässt sich für Rot- und Damwild sagen, dass es innerhalb der Jagdzeit keine (!) Phase gibt, in der die Kälber ihrer Alttiere nicht bedürften. Trauriges Fazit für uns: Als Folge der Abschüsse auf Drückjagden (Tier statt Kalb) versuchen wir – oft wochenlang –, den immer heimlicher werdenden, kümmernden Kälber nachzustellen. Wenn dann eine deutsche Jagdzeitschrift zum Thema „Wann wird Jungwild selbstständig" die Überschrift *„Endlich auf eigenen Füßen"* wählt, verkehrt diese Formulierung wildbiologische Erkenntnisse ins Gegenteil!

Kein Kalb, Kitz oder Frischling steht gerne, das heißt selbst gewählt, *„endlich auf eigenen Füßen"*. Jeder Nachwuchs muss erst seitens der Mütter mühsam abgeschlagen werden. Dies gilt für Schmaltiere (die sich nach dem Setzakt der Mutter beeilen, wieder Anschluss zu finden) ebenso, wie für männliche Überläufer und junge Hirsche, die umgehend versuchen, sich irgendwelchen Geschlechtsgenossen anzuschließen. Mancher Rot- oder Damspießer und weitere Hirsche schaffen es sogar, wieder in Mutters Rudel aufgenommen oder mindestens geduldet zu werden – und sind dankbar für jede Führung und Orientierungshilfe. Männliche Überläufer rotten sich zusammen, Hirsche bilden Rudel mit Vertretern nahezu jeden Alters – Schmalreh und Jährling, Geschwister aus dem Vorjahr, sehen erst einmal zu, dass sie hübsch zusammen bleiben. Gerne und *„endlich auf eigenen Füßen"* stehen irgendwann nur reife Hirsche, alte Widder, Böcke mittleren und gehobenen Alters sowie reife Keiler.

Tierschutz versus Alttierabschuss?

Ein jagdlicher Spagat ist die unausweichliche Folge der genannten Fakten einerseits und der jagdlichen

Zwänge sowie landeskulturellen Notwendigkeiten andererseits. Natürlich müssen wir jagen!

„... setzt genaue Kenntnis (...) für die Tierarten und die verschiedene Verteilung der Aufzuchtaufgaben unter den Elterntieren voraus. Sie zu beherrschen, muss von jedem Jäger verlangt werden" (Kommentar NICK/FRANK zum BJagdG).

Wie können wir denn nun den unstrittig notwendigen Alttierab-

Rotkälber definieren sich über ihre Mutter, nur sie garantiert dem Kalb ein Verbleib im Rudel.

schuss tätigen? Wenn wir verantwortungsvoll jagen wollen, bleibt uns zunächst gar nichts anderes übrig, als erst einmal scharf in die Jugendklasse einzugreifen. Nur so stellen wir Alttiere frei, um sie dann ruhigen Gewissens erlegen zu können!

Ferner gilt es, auch Schmaltiere zu erlegen, denn wer früh Schmaltiere

Zwei Kälber folgen, welche zwei Tiere gehören wohl zu ihnen? Auch in dieser Situation des ruhigen Ziehens und Äsens gehen die Kinder eben nicht zwingend immer bei Fuß. Könnte das vordere Tier auch das Leittier sein? Als das Rudel die Äsungsfläche verließ, gruppierte sich das stärkere Kalb zum Tier vorne links. Es war das (führende) Leittier.

schießt, zum Beispiel im Mai, verhindert automatisch deren Setzen im Folgejahr. Um nicht missverstanden zu werden (was sehr gerne an dieser Stelle passiert): Ich will Rotwild nicht ausrotten. Ich habe aber ganz persönlich Angst, ein führendes Tier zu erlegen. Strecke ich ein Schmaltier, habe ich „ein Kalb verhindert" und mich jagdbetrieblich indirekt aus der Verantwortung/Angst gerettet.

Ein Beispiel aus der Praxis der vergangenen Jahre: Ende Dezember wechselt ein Rotwildrudel aus fünf Tieren und zwei Kälbern eine Jägerin an. Sie erlegt eines der letzten beiden Alttiere des Rudels, die ohne Kälber folgten. Es war nachweislich nicht führend. Ja, auch hier können noch Fehler passieren. Vielleicht war das Rudel zufällig durchmengt, vielleicht die beiden Kälber beim falschen Tier. Aber wenn wir nun nicht unsere Chance bei dem so skizzierten Rudel wahrnehmen, wann bietet sich eine bessere?

Noch einmal: Auch Alttiere müssen erlegt werden. Wir können nur das Gefahrenpotenzial nach bestem Wissen und Gewissen minimieren, eine endgültige Sicherheit werden wir selten errreichen! Es ist eine unverzichtbare Aufgabe des einzelnen Jägers, über die Lebensweisen der einzelnen Wildarten Bescheid zu wissen – und abzuwägen.

Die Schere ist kaum zu schließen

- Grundsätzlich: Der Schutz der Elterntiere (§ 22 Abs. 4 BJagdG) bedeutet beim Schalenwild konkret den Schutz der Muttertiere. Es gibt auch (monogame) Arten, bei denen Väter zur Aufzucht notwendig sind. Dies können wir bei unserem hiesigen Schalenwild allerdings ruhigen Gewissens ausschließen.

- Folgerichtig: Ein Blick in die Jagdzeitentabellen verdeutlicht uns, dass es im Frühjahr und Sommer nahezu nichts Weibliches zu bejagen gibt. Ausnahmen bilden der Nachwuchs und junge, nicht führende Stücke (hier wird es aber insbesondere beim Schwarzwild schwierig).

- Notwendig: Vielerorts ist es unverzichtbar, zeitig in die Bestände einzugreifen. Wildschäden im Feld oder Verbissdruck im Wald sowie die Seuchenprävention oder -bekämpfung (Wildschweine) zwingen uns dazu.

- Ratsam: Wir müssen zudem das Bestreben haben, möglichst rasch, idealerweise bis Ende Dezember, alle unsere Schalenwildabschüsse zu tätigen, um Ruhe in den Wildbestand zu bekommen.

- Problematisch: Nahezu überall erstreckt sich der Zeitraum, in dem der jeweilige Nachwuchs der Mütter bedarf, um die zehn Monate! Somit liegt bei allen Schalenwildarten der Zeitraum zur Aufzucht durch die Elterntiere ausnahmslos auch außerhalb der gesetzlich festgelegten Schonzeiten. Denn wir müssen anerkennen, dass Aufzucht, mindestens bei jenen Stücken, die in Sozialverbänden leben, weit mehr bedeutet, als das bloße Säugen des Nachwuchses!

Die Schere zwischen den beschriebenen jagdlichen Zwängen (notwendig/ratsam) hüben und wildbiologischen Gegebenheiten (grundsätzlich/folgerichtig/problematisch) drüben werden wir niemals schließen können. Wir werden immer angehalten sein, äußerst verantwortungsbewusst beim Abschuss weiblicher Stücke vorzugehen. Hierauf sollten wir im Sinne des Tierschutzes stets bedacht sein.

Weiter vermag ich es selber nicht einzugrenzen. Vielleicht wissen Sie einen Rat?

Der Jagdmonat Oktober

Die Rotwildbrunft neigt sich vielerorts dem Ende zu, der Damwildjäger erwartet die hohe Zeit in seinem Revier. Sie alle kennen jetzt nur ein Zauberwort: Brunft! Zwar bietet das Brunftverhalten von *Dama dama* einige Verlässlichkeiten, doch um zum ersehnten Schaufler vorzudringen, gilt es vom weiblichen Wild und den Beihirschen unbemerkt zu bleiben. Wie Satelliten kreisen sie um den oder die Schaufler in der Brunftkuhle. Ist die Rotwildbrunft da einfacher? Sicher nicht.

Einige Böcke werden noch auf den „letzten Drücker" erlegt, alte Böcke, die wir schon längst verloren glaubten, zeigen sich plötzlich, ebenso schwache Jährlinge, die sich bis hierhin durchmogeln konnten. Der verantwortungsvolle Jäger versucht zudem, intensiv das weibliche Rehwild zu bejagen – dies aber wäre, auch wenn es bei Rotwild „stört", mancherorts schon ab September möglich und ratsam gewesen.

Schwarzwild ist im Wald gern gesehen und kommt, der Ernte draußen sei Dank, immer häufiger hierhin zurück. Wir erwarten in diesem Herbst zudem eine moderate Mast, so dass in einigen Regionen – die Feldjäger wird es freuen – die Schwarzkittel stark von Eicheln und Bucheckern gebunden werden.

Aber auch anderes Wild reagiert auf diese Gaben. In Waldrevieren erleben wir es häufig, dass sich Rot- und Damwild sehr lange und stark konzentriert auf kleinem Raum aufhalten können. Mancher Jäger, der nur Kirrungsmais- und/oder Rüben vor der Kanzel kann, mag dann verzweifeln ...

Bei der Bejagung des Schalenwildes versuchen wir jetzt, schnellstmöglichviele Stücke zu erlegen. Die Drückjagd zum Monatsende soll diese Aufgabe erfüllen. Wir wollen den Druck auf die danach verbleibenden Stücke mindern, Wildschäden minimieren und eine frühe Jagdruhe im Winter ermöglichen.

Zudem ist die Entnahme gut für die Kondition verbleibender Tiere (was schon unser Ansatz im Frühjahr war, s. Jagdmonat Mai). Tauchen dann tatsächlich Nahrungsengpässe in den Wintermonaten (Harschschnee etc.) auf, haben wir durch die Reduktion schon jetzt die Auswirkungen auf die Restpopulation durch die Verminderung des Konkurrenzdrucks gemildert.

Penible Buchführung

Wir kontrollieren zudem ständig die Kondition des gestreckten Wildes. Die Beschaffenheit der Decke, Feistvorräte unter der Decke/Schwarte und das Gewicht ist für ein Gesamturteil von Bedeutung. Lückenlos wird jedes Stück katalogisiert: Datum, Uhrzeit, Erlegungsort, Jagdart, Gewicht und so weiter. Nach mehreren Jahren Buchführung bilden sich nun erste Datenreihen, die wir alsbald auswerten wollen.

Endlich finden wieder Gesellschaftsjagden statt, so geht nicht nur in unserem Beritt die Kunde. Man ist ja noch fit und der kommende Jagdmarathon (jedes Wochenende bis Januar ist verbucht) liegt einem noch nicht so klar vor Augen. Nasse Kleidung? Sonntags zur Nachsuche früh raus? Wieder einmal als einer der letzten Vertreter der Jagd beim Schüsseltreiben angekommen? Ach was, wir wollen es ja so. Mehr noch: Der 22. Oktober ist als Jagdtermin auserkoren, unsere eigene kleine Jagd macht in diesem Herbst den Anfang des Reigens.

Die Rotwildbrunft ist dann bei uns zu Ende und die Damwildbrunft auch schon recht weit. Beginn der Rotwildbrunft war in den letzten Jahren der Zeitraum vom 1. bis zum 5. September. Je nach Witterung zog sie sich dann bis in die erste (maximal zweite) Oktoberwoche hin. Grundsätzlich probte ein „Frühschreier" den Alarm schon im August und plötzlicher Frost ließ selbst an einem 3. November (welch ein Datum) die Rotwildbrunft für einen Morgen wieder aufflackern. Aber der Kernbereich steht fest, es ist der Monat September. Damwild startet hier etwa einen Monat später und brunftet dann bis Ende Oktober. Bei beiden Arten hat sich der Zeitraum vom 20. bis circa 27. des Monats als Hochbrunft herauskristallisiert.

Wer die Daten der Damwildbrunft und unseren Jagdtermin in Übereinstimmung bringt, merkt schnell, dass wir durchaus in die Damwildbrunft hineinprasseln, ja sogar die Hochbrunftphase in diesem Jahr erstmalig tangieren. Warum nehmen wir dieses Manko in Kauf?

Güteklasse mit sechs Buchstaben? Pfanne!

Sowohl bei Rot-, Dam- als auch bei Schwarzwild ist es uns ein Greul, Hirsche oder Keiler zu erlegen, deren brunftiges oder rauschiges Wildbret wir allenfalls noch als Hundefutter verwerten können.

So kommt es in unserem nicht während der ganzen Jagdzeit mit Hirschen gesegneten Revier immer wieder vor, dass wir unseren Abschuss beim männlichen Wild gerade eben oder manchmal nicht erfüllen. Uns bleibt für Rot- und Damhirsche ein Korridor vor dem Brunftbeginn und ein schmales Zeitfenster danach. Bekommen wir die Herren dann nicht, lassen wir es eben sein.

Dies hindert uns nicht daran, auch Ausschau nach Brunfthirschen zu halten, die Gäste oder Mitglieder der hiesigen Forstverwaltung gerne strecken möchten. Ihnen sei die Erlegung auch ehrlich gegönnt! Ebenso wenig möchte ich den Zauber der Rot- und Damwildbrunft in Frage stellen. Besonders die Brunft des Rotwildes fasziniert mich jedes Jahr wieder und ich möchte sie auf keinen Fall missen.

Ein kräftiges Waidmannsheil zur Lebensmittel-Vernichtung

Natürlich, auch ich freue mich an mancher Trophäe und vertrete das auch. Nur ist es nicht meine Sache, 160 kg Rothirsch auf die Seite zu legen, auf Eichenlaub zu betten, die Hörner erschallen zu lassen und dann, wie schon oft beim „Hirschtottrinken" anderorts erlebt, nach zwei und mehr Tagen weihevoller Aufbahrung, das Haupt abzuschlagen und den Rest ins Revier, zum Abdecker oder zum Wildhändler zu fahren. Ob der nun via Schockfrosten das Wildbret wieder hinzaubert, ist für mich kein Kriterium. Ich habe bisher noch keinen Brunfthirsch-Erleger getroffen, der vom Wildhändler alle seine stinkenden Hirsche unbedingt wieder zurück haben wollte. Sie etwa?

Ja, das Wildbret eines LEICHT brunftigen Hirsches kann durch längeres Tiefgefrieren verzehrfähig gemacht werden. Auf Anfrage des DJV teilte das Bundesgesundheitsministerium mit, dass Wildbret mit sogenanntem artspezifischen Geschlechtsgeruch (zum Beispiel Brunfthirsch, rauschiger Keiler) nur dann einer amtlichen Fleischuntersuchung unterliegt, wenn es „erhebliche" Abweichungen der Muskulatur oder der Organe im Geruch aufweist. Ob die Abweichung erheblich ist, hat der Jäger im Einzelfall selbst zu beurteilen. Sollte dies der Fall sein, muss er das Stück der amtlichen Fleischuntersuchung zuführen. Wird nun bei dieser Untersuchung ebenfalls erheblicher artspezifischer Geschlechtsgeruch festgestellt, ist das Wildbret als „untauglich" zu beurteilen.

Der LJV Hessen handelt das Thema in seinem Schreiben zum „Gütesiegel für Wildfleisch aus Hessen" mit einem Satz ab: *„Wildfleisch von rauschigen Keilern oder brunftigen Hirschen sind von der Qualitätsmarke ausgeschlossen."* Warum wohl???

Aber dies ist kein Kochbuch, Geschmäcker sind bekanntlich verschieden und wie einfach ist es, sich Jahr für Jahr in den Satz zu flüchten *„Der Wildhändler nimmt ja diese Stücke gerne."* Wie schön, dass der JÄGER SELBST entscheiden darf, wo

Dieser Schaufler vertrieb schwächere Beihirsche und ist nun der Chef im Ring.

„erheblich" anfängt, daher schnell die Kühlwagenklappe des Wildhändlers zu und zurück zur Drückjagd am 22. Oktober.

Dieser Termin ist ein Experiment, der Versuch, durch den sehr frühen Drückjagdtag unter Umständen noch genug Zeit danach zu haben, falls die Jagd misslingt. Und das kann auch bei bester Planung sehr schnell passieren, stellen doch unsere wenigen Hektar Jagdfläche ein Risiko dar: Vielleicht ereignen sich Fehler beim Anstellen oder eine Störung, die wir nicht vorhersehen konnten? Das Revier ist viel zu klein, um alle Eventualitäten abdecken zu können. Doch wir wollen, optimistisch wie eine Ehe, den Jagdtermin angehen: Die „Hochzeit" steht an!

Organisation einer Drückjagd – der Hochzeitstag

Der große Tag ist gekommen, die Drückjagd findet heute statt. Jetzt gilt's, heute geht es vor den Altar!

Zwar sind seit gestern schon Fernreisende und diverse Helfer zugegen, doch nach einer unruhigen Nacht mit viel zu wenig Schlaf, ist der Drückjagdtag selbst etwas ganz Besonderes. Die Kaffeemaschinen laufen und das „Schilderkommando" zählt zu den ersten Kunden. Ab 7.30 Uhr stand die Haustür nicht mehr still, das ständige Kommen und Gehen hat bereits begonnen.

Der Schildertrupp baut die Verkehrszeichen auf, die wir nun an den Straßen aufstellen müssen. Eine Stunde vor der Jagd wachsen Tempo 70- und 50-Schilder aus dem Boden. Dank einer „Straßenverkehrsbehördlichen Anordnung" unseres Landkreises sind wir zum Aufstellen berechtigt und konnten bereits am Tag zuvor die Schilder auf dem Betriebshof abholen. 40,- Euro kostet der Vorgang insgesamt, meines Erachtens ist das bestens angelegtes Geld. Ich würde keine Drückjagd mehr ohne diese Verkehrszeichen durchführen. Bis dato hatten wir uns mit den „Vorsicht Treibjagd-Schildern" der Jägerschaft – besonders in den Augen der Autofahrer – eigentlich nur der Lächerlichkeit preisgegeben. Beachtet wurden sie nämlich nicht. Nun gilt Tempo 50 – und die Erfahrung der letzten drei Jahre lehrt, dass sich die Masse der Fahrer daran hält, mindestens hat die große Raserei nun ein Ende.

Das Telefon klingelt, der Klassiker: Am Jagdtag selber wird noch abgesagt. Gott Lob ist es nur ein Gast, kein Ansteller, Aufbrecher, Fahrer ...

Die Liste des Tages wird noch einmal durchgegangen, nach und nach melden sich alle Funktioner zur Stelle. Neun Uhr, Eintreffen aller Gäste, Begrüßung, Parole. Einer unser wichtigsten Hinweise bei allen

Jagden in diesem Rahmen: Jede Waffe wird offen geführt und erst am Stand geladen/entladen. Insbesondere Freunde des Unterladens müssen sich hier umstellen! Wenig von Interesse ist der Einwand, dass die Waffen wohlmöglich klappern oder das Laden auf dem Stand zu laut sei. Der Hinweis des, seine Waffe (noch) im Futteral tragenden, Schaftholzklasse 8-Besitzers, sein Goldstück könnte leiden, stößt bei uns ebenfalls auf taube Ohren. Hier werden alle Waffen offen getragen, Ende der Diskussion. Ebenso werden alle Waffen nach schöner Soldatenmanier auf dem Rücken mit der Laufmündung nach oben getragen. Der deutsche Jägerklassiker – Lauf nach vorne, unter der Nase des Vordermannes – ist bei uns zum Glück auch Geschichte.

Jetzt spricht der Pastor und sonst keiner

9.45 Uhr: Die Begrüßung, Freigabe, letzte Fragen werden geklärt, Einteilung der Gruppenführer, Abrücken ins Revier. Hier und beim Anstellen der Schützen haben wir zunächst reichlich Fehler gemacht: In loser Reihenfolge wurde ins Revier gefahren, Türen knallten und

Das Schilderteam rückt in der Frühe zuerst aus. Straßen und Waldwege werden gekennzeichnet.

manches Rudel hatte sich schon verabschiedet, als wir noch nicht einmal zur Hälfte auf den Sitzen waren. Nunmehr gibt es nicht nur innerhalb der Abstellgruppen, sondern auch für „das große Ganze" eine genaue Reihenfolge. Beispielhaft ist die Skizze auf Seite 88 oben. Alle potenziellen Drückjagdstände finden sich in dieser Übersicht wieder. Welche Stände davon besetzt werden, haben wir längst festgelegt.

Unser Kardinalfehler war es, die gesammte Jagdgesellschaft auf einen Schlag loszuschicken. Mittlerweile rücken erst die Vertreter der roten, dann die der gelben und zuletzt die der blauen Gruppe ab. Der Versatz zwischen den Gruppen beträgt unter Umständen bis zu 15 Minuten und mehr. Dies hat selbstverständlich einen Hinweis in der Ansprache der Jagdleitung zur Folge: *„Nach Einnahme des Standes darf, wenn Sicherheit gegeben ist, sofort geschossen werden.“* Wir schließen zunächst den Ring um das Ganze, bevor Treiber und die Schützen der Gruppe Blau ins Revier eindringen.

Dass jede Gruppe sitzt, erfährt die Jagdleitung über Funk. Auch wenn hier der eine oder andere die Nase rümpft: Selbst bei derartig kleinen Jagden haben sich Handfunkgeräte perfekt bewährt. „Oberedeltreiber“, die Jagdleitung, die Gruppenführer sowie ausgesuchte Hundeführer oder Schützen an zentraler Position könnten beispielsweise damit sinnvoll bestückt werden. Wir haben auf unserer kleinen Fläche teilweise sechs bis zehn Geräte (inklusive Smartphones) im Einsatz, damit wir flexibel reagieren können, um zum Beispiel einen Hundeführer umzudirigieren oder durch den Einsatz von Treibern ein Rudel umlenken zu können! Apropos umlenken: Unsere Jagd wird im Wesentlichen von nur vier Beunruhigern angerührt.

Diese agieren in der Regel in festgelegten Sektoren und das hat Vorteile. Es gibt keine vom Wild leicht ausrechenbare Treiberwehr, die, schlimmstenfalls laut lärmend, in Linie durch den Busch trampelt. Nichts ist besser kalkulierbar für das Wild! Wir teilen jeweils einer Person einen festen überschaubaren Korridor zu, in dem sie sich die Jagd über aufhält. Wild flüchtet aus diesen Sektoren heraus,

Wo immer Stände auch besetzt werden sollen, erfolgt dies nach einer genauen Reihenfolge: Gruppe Rot, vor Gelb, vor Blau.

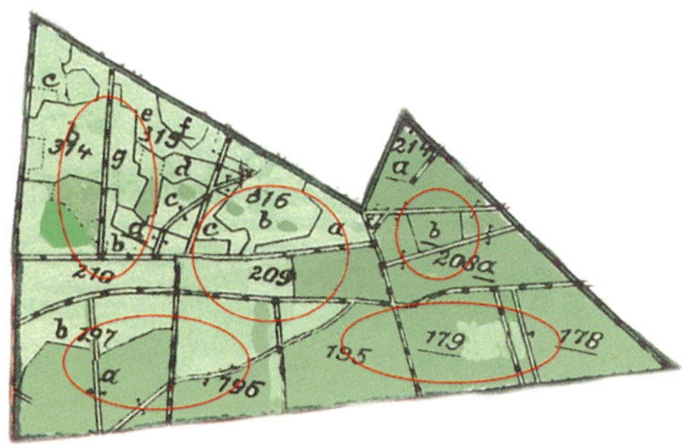

Statt einer Treiberwehr und Hundeeinsatz wird nun in Sektoren beunruhigt.
Skizzen: Jonas Burkhardt/Timo Hilgers.

anderes hinein. Niemals ist ausrechenbar, wo jemand ist. Kein mehrstündiges „Has, Has“ oder „Hopp, Hopp“ warnt das Wild. Zweierlei haben wir erreicht: Bis heute wurde auf unseren Jagden noch nicht ein einziger Hund geschnallt und das Wild kommt oft dem übernächsten Stand bereits wieder langsamer! Auch Sauen haben wir, falls Sie fragen sollten, so ganz wunderbar in Bewegung gebracht. Wir waren plötzlich mitten unter ihnen ...

Erst die Ringe, dann der Kuss

Natürlich ist diese Strategie der geringen Größe des Revieres geschuldet und der Tatsache, dass wir bei uns nicht von mächtigen Brombeerverhauen, massiven Schwarzdornhecken oder großen Schilfbereichen sprechen. Dennoch bitte ich Sie, folgende Vorgehensweise im Wald einmal auszuprobieren.

Wie immer Ihr Revier aussehen mag, jagen Sie die erste Stunde ausschließlich mit Treibern und ohne Hunde. Lassen Sie Beunruhiger in Sektoren gehen. Schnallen Sie nach frühestens einer Stunde nur dort – und nicht wahllos oder einfach von Ständen weg – Hunde, wo Sie es für unabdingbar erachten. Behalten Sie für die Schlussphase Ihrer Jagd sogar noch Hunde in der Hinterhand. Diese können erst mit ihren Führern durchgehen und kommen zuletzt ins Spiel. Teilen Sie Ihre Jagd versuchsweise einmal in eine „Weitflüchter-“ und eine „Drückerphase“. Vermeiden Sie mehrstündige Hetzjagden auf Rot-, Dam- und Rehwild.

Überlegen Sie bitte auch, ob die Anzahl eingesetzter Terrier, Wachtelhunde und anderer Vierbeiner Ihre Schützen überfordert, das Wild zum eiligen Auswechseln oder gar zum hochflüchtigen Abgehen veranlasst – und der große Spuk, wie bei so vielen Jagden, eigentlich nach anderthalb Stunden schon vorbei ist – man aber noch ein bis zwei Stunden Jagdzeit vor sich hat.

Wieder so eine Stelle, wo ich gerne falsch verstanden werde: Hunde als Beunruhiger haben ihre Berechtigung. Derzeit stelle ich aber oft fest, dass jährlich die Zahl der Hunde zunimmt, die der schlechten Schüsse auch und die Strecken aber nicht adäquat steigen. Gute Erfolge erlebte ich aber, wo nur wenige Hunde spät und gezielt eingesetzt wurden und Terrier- und Wachtelhundführer mit ihren Vierbeinern (zunächst an der Leine) die Treiberwehr verstärkten. Die Hunde wiesen den Weg, zeigten hier ein Rudel und da einen Kessel an, und wurden erst dort, wo es für den Menschen nicht weiter ging, auf den Punkt genau geschnallt. Ab hier, wo es sehr undurchsichtig wurde und Stände in unmittelbarer Nähe waren, machten sich auch die Treiber kurz bemerkbar. Noch einmal: Ich kann mich für gute Hundearbeit begeistern, dennoch möchte ich den Denkanstoß geben, je nach Revier, die Beunruhigungstaktik und die Intensität des Hundeeinsatzes zu überprüfen. Wir haben mit den drei bis vier Treibern alles erreicht, was wir erreichen wollten.

11.00 Uhr: Es knallt mehrmals! Die Abfolge lässt erahnen, dass ein Rudel oder eine Rotte dankenswerterweise gleich die Parade an mehreren Ständen abnimmt. Ich freue mich, der Plan scheint aufzugehen.

Unsere Jagd ist, um das an dieser Stelle einmal klarzustellen, nicht mehr mein Plan. Ich habe die Organisation nun der nächsten Generation übertragen. Unsere beiden Junioren organisieren mittlerweile alles, halten die Rede(n), teilen ein und so weiter.

Dieser Wechsel bescherte einige Veränderungen hinsichtlich der Drückjagdstände und bezüglich des Jagdablaufes. Meine Idee war es, unser Jagdkonstrukt auf den Prüfstand zu stellen. Auch das Juniorenteam erlebte Schiffbrüche, aber alles in allem wurden viele neue Impulse gesetzt, die ich alleine nicht bewerkstelligt hätte – Betriebsblindheit eben. Es ist doch keine Schande, wenn nun Neuerungen eingeführt werden, die gut funktionieren, oder?

Am Rande meines Treiber-Sektors treffe ich auf einen Treiberkollegen, es ist einen der beiden Neuorganisatoren. Dessen Handy summt gerade, die SMS eines Schützen lautet kurz: *„Damka krankgesch Fangschu unmög.“* Er blickt in die Karte, lokalisiert den Schützen und fragt per Funk, wer aktuell dort am nächsten ist. Wie in einer Taxizentrale bekommt der junge Mann Statusmeldungen und kann den nächstgelegen Beunruhiger dorthin zitieren. Wir trennen uns wieder. Keine fünf Minuten später höre ich über Funk mit, dass das Kalb abgefangen worden ist. An dieser Stelle mag jeder selbst entscheiden, ob diese Geräte nur neumodischer Kram sind.

12.30 Uhr: Hahn in Ruh. Ich sammle meinen Schweißhundeführer von seinem Stand ein, er hat ein Rotkalb erlegt. Gemeinsam rollen wir unsere Gruppe wieder auf, bergen Stücke. Wieder das Funkgerät: *„Sitz Wolf's Acker, zwei Sauen beschossen, eine liegt, die andere hat gezeichnet. Schweißhundführer bitte."* Damit trennen sich die Wege von dem Rüdemann und mir schon hier.

Am Streckenplatz diskutieren die Gäste, Erlebnisse und erste Bilder, wie dieses von Björn Friedrich, werden ausgetauscht.

... oder schweige von nun an für immer!

13.00 Uhr: Am Streckenplatz angekommen, herrscht dort bereits munteres Treiben. Sie, als Jagdherrin/ Jagdherr, kommen mit Ihren Gästen zurück. Schön, dass Sie sich nicht selbst für irgendetwas eingeteilt haben, denn Anfragen gibt es trotzdem genug: Der Nachsuchenkoordinator möchte kurz mit Ihnen sprechen, Terrierführer A fragt an, ob jemand seinen Hund aufgelesen hat, an einem Stand hat jemand seinen Rucksack vergessen. Sie teilen Leute ein, schicken noch einmal einen Wagen ins Revier los. Währenddes-

Die Gastronomieabteilung verkürzt zudem die Wartezeit. Der Herr am Zapfhahn war bis eben noch Treiber und Hundeführer. Glücklich, wer solche Helfer hat. Foto: Timo Hilgers

sen bekommen Sie nach und nach alle Meldebögen Ihrer Gruppenführer zurück. Etwas abseits sitzend führt Ihr Buchhalter die Streckenliste. Die Zahl der Erlegerinnen und Erleger wächst, den geschossenen Stücken werden jetzt Namen zugeordnet.

Den wartenden Personen kommt das Engagement der „Gastronomieabteilung" sehr gelegen. Ein Helfer hält Getränke und/oder Essen parat. Dort klönen dann Ihre Teilnehmer bei Kaffee, Selters und Bier, löffeln eine Suppe und tauschen sich über die Jagd aus. So geht die Wartezeit besser vorüber.

Glockengeläut, Auszug des Brautpaares

14.30 Uhr: Die Strecke ist da, zwei Nachsuchen laufen noch. Tun Sie sich und allen anderen einen großen Gefallen: Warten Sie bitte nicht, bis auch die letzte Nachsuche fertig ist. Einige Ihrer Gäste sind schon seit fast zwei Stunden hier am Streckenplatz, andere sind zudem durchnässt. Lassen Sie zum Sammeln blasen, halten Sie Ihre Rede, danken Sie Hundeführern, Treibern und der Helferschar, verteilen Sie die Brüche gemäß der gut geführten Erlegerliste. Immer wieder erlebe ich, dass Jagdgäste bis zu drei Stunden nach Ende der Jagd am Streckenplatz warten müssen. Wozu? Nichts ist schlimmer, als Hochzeitsreden, die partout nicht enden wollen, Predigten, die um ihrer selbst Willen gestreckt werden – und die mehrstündige Wartezeit am Streckenplatz, wenn es nichts mehr zu warten gibt.

Nehmen Sie sich immer vor, dass spätestens zwei Stunden nach Beendigung der Jagd die Strecke verblasen wird, komme was da wolle! Warten Sie nicht noch auf zwei Sauen und ein Rotschmaltier. Das Wildbret der Nachsuchenstücke wird durch diese nicht besser, das Wildbret Ihrer nun schon seit geraumer Zeit erlegten und hier immer noch liegenden Strecke auch nicht.

Sehen Sie mir bitte diesen Mangel an Brauchtumspflege nach: Ich habe vollstes Verständnis für alle, die pro Wildart nur noch ein Stück auf die Strecke legen. Oder statt Streckelegen mittlerweile „Streckehängen" machen. Können Sie mir verraten, warum wir über Kopf und unter zur Hilfenahme von Wasser, sauber die Stücke versorgt haben, nur um sie

Einige Stichworte zum Streckenplatz: Wer macht was?

Leitung Streckenplatz: koordiniert Abläufe, fungiert als Springer

Aufbrechen 2–4 Personen Gerne an Profis übertragbar	Aufbrechtrupp oder Gäste unter Anleitung	Aufbrechböcke, Wasser, Handschuhe, Aufbruchtonnen
Protokollstation 2 Personen, bei gr. Jagden 4 Pers.	Wildwaage, Wildmarkierung Wildnummern, Probenbecher Ursprungszeichen	Wilderfassung. Trichinenproben ziehen (kann auf die Station Wildbrethgiene verschoben werden)
Streckenplatz 2 Personen, jede helfende Hand willkommen	Streckelegen, Brüche, Schmuckgrün, Fackeln,	Wasser für die Hunde
Gastronomie 1 Person	Sitzgelegenheiten, Feuer, Brennholz	Imbiss, Getränke
Wildbrethygiene 2 Personen	Endkontrolle nach dem Strecke legen/Brüche verteilen	Gewogen? Protokoll? Trichinenproben lückenlos gezogen? Gerne Tierarzt zugegen
Abtransport Verbleib. Helfer Jede helfende Hand willkommen	Gesamte Strecke verladen Wildhaken Kühlung vorbereitet	Stücke nummeriert? Verkauf ab Strecke? Wildhändler? Eigenbedarf?

Li.: Großzügiger Aufbrechplatz. Mi.: Versorgen im Hängen. Re.: Der Streckenplatz füllt sich. Aufbruchtonnen und Wildwaage im Hintergrund. Aufnahmen aus dem Niedersächsischen Landesforstamt Göhrde.

dann wieder auf dem Streckenplatz in den Dreck zu legen? Wenn schon Streckelegen, dann nicht auf die rechte Seite, sondern zum besseren Auskühlen alle Stücke bitte auf den Rücken legen und aufklappen.

Von wegen „ab in die Flitterwochen"

Jagd vorbei, die Trauung auch, Blumen und viel Reis sind gestreut, die Glocken und Bläser verstummen, der offizielle Teil des Drückjagdtages ist zu Ende. Die Gästeschar löst sich am Streckenplatz langsam auf. Nun will man Sie noch einmal sehen, endlich persönlich Dank sagen, sich mit ein paar wohlgesetzten Worten von Ihnen verabschieden, Sie sind weiterhin gefordert.

Andere aus Ihrem Team auch: Weitere helfende Hände verladen nun die Strecke in den Wagen des Wildhändlers oder verbringen das Wild in Ihre Kühlung. Ein Nachsuchenführer meldet dem Koordinator via SMS Vollzug, Überläuferkeiler gestellt und erlegt. Im Revier-SMS-Deutsch lautet das dann so: *„ÜKei in 314 tot"*. Eingespielt, wie dieser Mann ist, bricht er mit seinem Begleiter, der ihn – trotz bereits durchnässter Hose – begleitet hat, die Sau auf, sucht sich in der Wildkammer eine Ohrmarke, markiert das Stück. Der Vierbeiner wurde vorab schon reichlich mit Wasser versorgt und mit dem Handtuch trocken gerieben. Dann erst ziehen sich Hundeführer und Begleiter trockene Kleidung an.

Während Sie noch mit dem Verabschiedungsreigen beschäftigt sind, haben zwei Mann bereits die Straßenschilder wieder eingeladen, die Behörde verlangt es so. Schütze X, der gerne seine beiden Frischlinge erwerben möchte, folgt einem Ihrer Helfer zur Kühlung. Die beiden gewogenen Stücke nimmt er dankbar ab, abgerechnet wird in der kommenden Woche. Vor dem Abtransport hat sich Ihr umsichtiger Helfer allerdings noch schriftlich geben lassen, dass der Erwerber für die Durchführung der Trichinenprobe selbst verantwortlich zeichnet.

Apropos Beschau und Trichinen: Unser verehrter Tierarzt ist erst bei Sau Nummer fünf angekommen, musste er doch zunächst drei große Teller Suppe löffeln und bis jetzt ca. sechs Becher Kaffee trinken.
Der letzte Gast ist im Gehen begrif-

Am Folgetag: Ihre Gäste sind schon längst daheim. Während ein Brautpaar sich nun zufrieden dem Auspacken der Geschenke widmen würde, bleiben Ihnen andere Präsente – Wannen voller Aufbruch, Leergut, Nachsuchen, Reihenfolge frei gewählt.

fen, als Sie Ihre Hundeführer noch beisammensitzen sehen. Der Nachsuchenkoordinator hat schon zwei Gespanne für den Folgetag organisiert, Treffen ist um acht Uhr wieder am Streckenplatz, dann werden noch die beiden schwierigen Nachsuchen abgearbeitet. Die bis zu dieser Minute vollständige Streckenliste liegt auf Ihrem Autodach, daran ein Zettel klebend: *„NaSu ÜKei 314: Stück in der Kühlung, Nr. NI 02848, Probe steht auf der Spühle."* Der vermisste Terrier ist gefunden, Menschen und Hunde alle wieder gesund zurück, nun endlich fällt die Last von Ihnen ab.

Morgen, wenn alle Gäste schon wieder daheim sind, wird es für Sie und den harten Kern der Helfer noch weitergehen. Letzte temporäre Ausschilderungen an den Waldwegen werden entfernt, die beiden Nachsuchen nicht zu vergessen, Streckenplatz räumen, Aufbrechböcke reinigen, Aufbrüche entsorgen ...

Wie eine noch so gut organisierte Drückjagd ausgeht, kann niemand voraussagen. Zu viele Unwägbarkeiten lauern immer auf die Organisatoren und das Team. Wie zieht das Wild, wie wird das Wetter, wie gut agieren die Schützen, wie weht der Wind? Ihr Engagement wird aber in jedem Fall anerkannt, unabhängig von dem Endergebnis, denn die Größe der Strecke allein ist nicht alles. Welche Parallelen Sie hier zur Ehe ziehen, überlasse ich Ihnen ...

Der Jagdmonat November

Das wechselhafte Wetter wird entscheiden, ob der Monat Nebelung, wie der November auch treffend genannt wird, für uns Jäger jagdlich erfolgreich wird. Was für ein Wetter haben wir? Wann schneit es – und wie viel? Mancher Nimrod wird sich Fragen, ob er den Mond in diesem Monat nutzen kann.

Wie vielfältig der November doch ist. Betrachtet man nur die Schalenwildarten, wird deutlich, dass dieser Monat ein Monat des Umbruchs ist. Unser Rotwild bildet Winterrudel, auch Hirsche stehen wieder verträglich zusammen. Während die Rothirsche bereits versuchen, Defizite der Brunft aufzuholen, trifft es die Damhirsche schon ärger – es brunftet mancherorts noch.

Ebenso schlecht muss die Energiebilanz der Muffelwidder ausfallen, die sich auch noch in der Brunft befinden. Doch das nun besonders unstete und stets aufmerksame Wild macht es uns nicht leicht, zu Schuss zu kommen. Die Jagd wird in der Regel auf der Pirsch oder beim Ansitz ausgeübt. Treib- oder Drückjagden erbringen auch das eine oder andere Stück, gleichwohl bei ihrer Planung und Anlage das Muffelwild keine beherrschende Rolle spielt.

Bleiben wir beim Wetter: Besondere Bewunderung für ihr Brunftverhalten – besser ihren Brunfttermin – nötigen mir aber Stein- und Gamswild ab. Die Gämsen sind ebenfalls in diesem Monat „dran", Steinböcke noch später. Was mich immer wieder erstaunen lässt, ist der Umstand, dass Kälte und Schnee die Brunft eher zu steigern scheint, anstatt sie zu behindern. Quasi mitten im Winter wird Energie in Massen verbraucht, teilweise werden viele Höhenmeter überwunden, schließen sich wilde Fluchten über hohe Grate an. Was hat sich die Natur dabei gedacht, die Tiere jetzt brunften zu lassen?

Wären wir einigermaßen bibelfest, müssten wir auch über die Rauschzeit des Schwarzwildes berichten. Na klar, Sauen rauschen jetzt – aber tun sie dies nicht mittlerweile fast

Jagen Nummer 314 im November: Dieser Nebelung hat wieder seinen Namen verdient. Die „Wildsau", ein Forstpflug, hat schon Pflanzstreifen vorbereitet. Können Sie sich bei diesem Bild vorstellen, wie bei mehr Nebel oder in der Dämmerung dank des Pflanzpfluges das ganze Jagen hier voller „Wildschweine" steht?

ein halbes Jahr hindurch oder gar noch länger? Wir treffen hier mittlerweile von Februar bis August immer wieder neue Frischlinge mit ihren Bachen an (s. Seite 41).

Wie schon an anderer Stelle skizziert, bedeutet der November für uns alle eine einzige große Tournee. Jedes Wochenende ist irgendwo in anderen Revieren eine Drückjagd, bei der wir mithelfen oder -jagen können. Doch auch unser Revier verlieren wir nicht ganz aus den Augen. Die Bilanz der Oktoberdrückjagd legt uns nun auf, inwieweit wir am Ball bleiben müssen. Ist gegebenfalls für den Dezember noch ein gemeinschaftlicher Ansitz zu organisieren?

Dieses Jahr lief es aber gut, die Abschussvorgaben sind erfüllt und mit weiterem weiblichen Rot- oder Damwild würden wir uns aus der Gruppenfreigabe unseres Forstamtes bedienen. Dieser segensreiche Modus der Wildverteilung sieht revierbezogene Freigaben bei den Hirschen, aber einen Pflichtabschuss weiblichen Wildes je Revier sowie einen freien Überhang weiblichen Wildes vor. Aus diesem gemeinsamen Pool kann sich jeder bedienen, bis auch dieser Topf leer ist.

So können die Reviere weiter jagen, bei denen das Wild steht und/oder diejenigen, die jagen wollen.

Visitenkarten des Reviers

Ich hätte den Beitrag über die vielen Ansitzeinrichtungen der Jägersleut auch in jedem anderen Monat einflechten können, wäre da nicht diese schöne Jagdeinladung in den Hunsrück, die mir erlaubt, wieder ein anderes Revier zu erleben und mir zudem die Zeit verschafft, während der Reise das Thema zu bewegen.

Lautlos gleitet die Landschaft an meinem Zugfenster vorbei. Meine Bahnfahrt führt mich aus Nordostniedersachsen bis nach Rheinland-Pfalz. Deutschlands schöne Landschaften ziehen vorüber und überall gibt es anregende Dinge zu sehen, die auch uns Jäger interessieren. In der Morgendämmerung sah ich einen Fuchs über eine Weide schnüren, soeben entdecke ich einen Sprung Rehwild und überall finden sich Kanzeln. Manche steht so schön, dass ich mir unwillkürlich vorstelle, wie es ist, dort einmal anzusitzen. Andere – und dies ist leider der weitaus überwiegende Teil – erregen eigentlich nur mein Ärgernis. Was alltäglich in unserer Landschaft zu entdecken ist, zeugt oft von schlechter handwerklicher Arbeit und häufig auch von einem unglaublichen Selbstverständnis der Jäger. Mit welcher Berechtigung verschandeln Jäger mit überdimensionierten Hochsitzen, die das Landschaftsbild negativ prägen, unsere Umgebung? Mancherorts erinnern die so genannten Reviereinrichtungen eher an abstrakte Skulpturen, andernorts fühlt man sich in die Zeit der DDR-Grenze zurückversetzt, wenn alle 200 Meter ein Hochsitz die Landschaft verunziert.

Verbaute Landschaften

Schon dem Jagdscheinanwärter wird in der Ausbildung beigebracht, dass in unserer stark frequentierten Kulturlandschaft vom Hochsitz aus eine sicherere Schussabgabe möglich ist, da Kugelfang besser gegeben ist, als beim Schuss vom Boden aus. Zudem erfährt man im Jungjägerkurs, und von so manchem altgedienten Waidmann, dass der Jäger auf dem Hochsitz unabhängiger vom Wind sitze. Zu guter Letzt

Der Jäger, schützender Fachmann in der Natur, voller Liebe zur Scholle ... Foto: Peter Pabel

haben wir alle einmal verinnerlicht, dass die Stabilität der Kanzel selbst wichtig ist, Hochsitze aus ortsüblichem Material gebaut werden und sich bestmöglich in die Landschaft einfügen sollen.

Die Realität sieht anders aus! Gehen wir doch einmal die eben zitierten Punkte durch: Wer sich zum Beispiel an (ihm) zu niedrigen oder gar fehlenden Ansitzeinrichtungen stört, der gehe bitte auch nicht zur Maisjagd, bei der wir und unsere Nachbarn auf dem Boden stehen müssen. Wie oft haben wir schon vom Zielstock geschossen, wie oft am Baum angestrichen, wie oft mit anderen auf einer Waldschneise auf Hundegeläut und Sauen gewartet, wie oft gar in unübersichtlichem Gelände am Fuchs- oder Karnickelbau? Auch die meisten Drückjagdböcke haben nur wenige Stufen.

Für Kugelfang reicht auch eine Leiter

Nahezu 100 % aller geschlossenen Kanzeln könnten ohne Sicherheitsverlust abgebaut und durch Leitern ersetzt werden! Wir hätten einen Bequemlichkeits-, aber keinen Sicherheitsverlust. Kleinere, offene Kanzeln und Ansitzböcke reichen „für besseren Kugelfang“ aus!

Ein Ansitz hinter Teppich, Filz, Plexiglas und Teerpappe reicht mir, um zu begreifen, dass Naturgenuss unterschiedlich interpretiert werden kann. Ich tausche gerne das Geräusch „Fliegengekrabbel auf Styropor" mit dem Klang von Regentropfen und ebenso ziehe ich lieber meinen Hut ins Gesicht als eine Plexiglasscheibe zur Seite. Am meisten stört mich aber, dass ich in diesen Kästen nicht nur kaum etwas hören kann, sondern auch vom Wild „gefilmt" werde.

Die Mär vom Wind

Dass bei der Bejagung der meisten Haarwildarten der Wind die Hauptrolle spielt, weiß jeder Jäger. Dass die turmhohe Kanzel den Waidmann davon nicht befreit, wird hingegen offensichtlich nur ungern zur Kenntnis genommen. Wenn ich meinen Kamin anheize, ist das im eigenen Garten zu riechen. Die Schlot-Oberhöhe beträgt immerhin sieben Meter, die Entfernung zur Seite aus dem Lot maximal 20 Meter! Dann ist der Wind bei entsprechender Witterung bereits wieder unten.

Ein anderes Beispiel: Wer sich jemals die Mühe gemacht hat, eine qualmende Rauchpatrone mit auf die Kanzelplattform zu nehmen, wird erstaunt gewesen sein, wie schnell der Rauch wieder am Boden ist. Egal, wie dicht oder hoch eine Kanzel ist – entweder passt der Wind oder er passt nicht.

Bevor wir eine Kanzel oder eine Leiter errichten, versuchen wir natürlich, soviel wie möglich von den Windverhältnissen vor Ort in Erfahrung zu bringen. Das ist manchmal sehr schwierig und langwierig. Dies hängt mit den Bestandesrändern und

-höhen zusammen und muss erst herausgefunden werden! Zudem ändert sich der Wind immer wieder sehr kleinräumig, küselt an Waldecken oder spielt uns als besonders tückischer Kesselwind an einer Waldwiese einen Streich. Überkippende Winde am Waldrand tun ihr Übriges, um uns manchmal verzweifeln zu lassen. All' das beseitigt auch keine Kanzel. Wenn der Wind nicht passt, müssen wir eben woanders jagen.

Doch halt! Unlängst erfuhr ich von einem Jäger, dass er auf seiner Kanzel sitzen könne, egal wie die Winde wehen. Sie sei dergestalt abgedichtet, dass kein Geruch nach außen dringen könne. Käme dann das Wild, so fuhr er fort, *„muss ich nur schnell genug sein. Fenster eben auf und dann gleich schießen."* Na dann, ein kräftiges Waidmannsheil ...

Warum geht es woanders kleiner und offener?

Immer wieder verblüffen mich Reviereinrichtungen in den „Profirevieren", zum Beispiel in den Bundes- und Landesforstverwaltungen. Kanzeln sind dort niedrig und (halb-)offen gebaut, ein Dach ist oft

Ein Blick auf eine unserer Ansitzeinrichtungen und der Blick von dort zurück auf die Äsungsfläche. Beim Militär hätte man wohl vom „Schießen durch Lücken" gesprochen. Während ehedem noch zwei Kanzeln an diesem Wildacker standen, haben wir nun nur noch eine Ansitzeinrichtung dort stehen und, wie das Bild unterstreicht, diese extra abseits positioniert.

der einzige Luxus. Je professioneller die Reviere bejagt werden, das heißt, je mehr Schalenwild – insbesondere Rotwild – geschossen werden muss, desto kleiner und offener werden hier die Ansitzeinrichtungen. Äugt das Wild hier schlechter?

Auch in unserem Revier steht es nicht schlecht um das Hochwild. Wir erlegen unser Wild von offenen Ansitzböcken oder überdachten Leitern aus. Ob Ansitz- oder Beunruhigungsjagd – die Reviereinrichtungen sind sich hinsichtlich der Bauart recht ähnlich. Die offenen Ansitze garantieren dem Schützen eine Sitzhöhe von ungefähr drei Metern. Alle Einrichtungen geben zwei Personen sitzend und/oder einer Person im Rahmen einer Drückjagd stehend ausreichend Platz. Die niedrigen Einrichtungen sind fast durchgängig aus Douglasie gefertigt. Sie sind stabil, leicht zu tarnen und ermöglichen ein gutes Schießen, sowohl im Sitzen als auch im Stehen.

Selbstverständlich differieren ihre Aufgaben (Ansitz/Drückjagd) und Standorte (Schneisen, Lichtungen/in den Beständen stehend). Dies wird im Kapitel über die „doppelte Bestuhlung“ erläutert. Zudem spielen ab einer gewissen Anzahl der Reviereinrichtungen auch die Kosten eine Rolle. Was muss ich für eine geschlossene Kanzel bezahlen, was für eine halboffene?

Standorte entscheiden über den Jagderfolg

Meines Erachtens ist neben der Berücksichtigung der Hauptwindrichtung der Standort der Ansitzeinrichtung (nicht deren Höhe oder Bauweise) der wichtigste Parameter für den Jagderfolg.

Hierbei ist entscheidend, dass der Jäger seinen Ansitz zunächst erst einmal optimal bei guter Deckung erreichen und wieder verlassen kann, und dabei nicht ständig über Hauptwechsel läuft. Die Wechsel, das Waldgestell oder die Freiflächen im Wald müssen aber gleichzeitig gut bejagbar sein. Oben angekommen

Rot- und Damwild scheinen sich offensichtlich nur aus meterhohen Kanzeln erlegen zu lassen. Das Gesicht und die Hände des Jägers sind trotzdem gut sichtbar. Konsequenz: Der Herr Hauptfeldwebel befiehlt umgehend die „Scheibentarnung“. Foto: Eike Mross

muss der Schütze optimale Sichtverhältnisse vorfinden.

Gedeckt angehen, statt exponierter Lage

Hier liegt die nächste Quelle vielen Übels: Optimale Sichtverhältnisse bedeuten für viele Jäger freie Rundumsicht, idealerweise 360 Grad. Ich verzichte gern auf Schussfeld, wenn meine Sitze ungesehen bleiben. Was nützt mir ortsübliches Material, wenn mein Ansitz solitär in der Landschaft oder protzig auf dem Waldgestell steht? Auch gute Tarnung der Ansitzerinrichtung ist vergebens, wenn das Wild mich auf dem Weg dorthin eräugen kann.

Natürlich möchte ich ein ideales Schussfeld vorfinden und von meiner Ansitzeinrichtung sicher und sauber jagen können. Doch Aussicht ist nicht alles, wenn jedermann und, viel wichtiger, jedes Wild meine Reviereinrichtungen als Störfaktor wahrnimmt. Daher verstecke ich meine Ansitze gerne an Dickungskanten, unter Bäumen oder in Gebüschen. Das Schussfeld erreichen wir durch diskretes Freischneiden oder schon durch die Wahl des Standortes an sich. Was damit gemeint ist, belegen die Bilder auf Seite 101 und die Motive auf der gegenüberliegenden Seite recht anschaulich.

Durch den Einsatz kostengünstiger, leichter und flexibler Sitze ist es zudem möglich, an besonders geeigneten Stellen im Revier für West- und Ostwindlagen Leitern oder Ansitzböcke zu errichten und so bestimmte Flächen „immer" bejagbar zu halten.

Kein Abriss, aber Umbau

Was aber tun mit bestehenden Kanzeln? Natürlich gehören solche Kanzeln nicht abgerissen. Aber auch hier lassen sich viele Dinge tun, um die Optik mit sehr einfachen Mittel zu verbessern (s. Seite 107).

Bestehende Reviereinrichtungen lassen sich gut mit Tarnnetzen verblenden. Die Vorteile der Tarnnetze sind schnell genannt: leicht, flexibel, form- und zuschneidbar, kostengünstig, schnell aufgebaut, unverrottbar und tarnintensiv. Da sie in verschiedenen Farben erhältlich sind, können wir Tarnnetze optimal an die Revierverhältnisse anpassen. Beim Kauf achten Sie bitte darauf, dass das Tarnmuster sauber mit dem Träger-

Je professioneller die Reviere bejagt werden, das heißt, je mehr Schalenwild, insbesondere Rotwild, geschossen werden muss, desto offener werden die Ansitzeinrichtungen. Äugt und windet das Rotwild in Bundes-, Landes- und einigen Privatforsten nicht so gut?

Oben: Bundesforstamt Siebensteinhäuser, aufgenommen von Fritz Koops.

Rechts oben: Niedersächsisches Landesforstamt Göhrde. Foto: Peter Pabel.

Rechts: Gräflich von Bernstorff'sche Forstverwaltung, Gartow, Regiejagdbezirk.

Der Ort der Aufstellung, die Dimensionierung und die Wahl der Materialien entscheiden darüber, ob sich eine Kanzel ins Gefüge einpasst.
Oben im Uhrzeigersinn: Gräflich von Bernstorff'sche Forstverwaltung, Gartow, Regiejagdbezirk, Niedersächsisches Landesforstamt Unterlüß, Niedersächsisches Landesforstamt Göhrde.

netz verbunden (am besten verschweißt) wurde. Das Trägernetz sollte aus unverrottbarem Material bestehen. Armee- und so genannte US-Shops liefern ebenso Tarnnetze wie der Jagdfachhandel. Letztgenannter hatte allerdings über lange Zeit Tarnnetze als „zu militärisch“ abgelehnt.

Doch mittlerweile haben sich die flexiblen Revierhilfen auch bei Jägern vermehrt durchsetzen können. Naturfotografen, eine Klientel, die über jedweden militärischen Anspruch erhaben ist, nutzen sie schließlich auch schon lange.

Achten Sie aber stets beim Verblenden einer Einsitzeinrichtung darauf, dass der spätere Nutzer dort nicht in direkten Kontakt zum Tarnnetz kommt. Denn Tarnnetze haben auch einen Nachteil: Sie rascheln und sind im gefrorenen Zustand besonders laut. Weder beim Auf- und Abstieg, noch beim Ansitz direkt darf der Jäger mit ihnen in Berührung kommen.

Wem Tarnnetze nun wiederum auch zu unnatürlich erscheinen, verblendet seine Reviereinrichtungen mit heruntergebrochenen Kronen, durch Eisregen herabgestürzte Zöpfe oder durch jedwedes Astmaterial, das letztendlich die Kanzel und den Ansitzbock aus der Optik nimmt.

Vielfach lassen sich Ansitze ganz einfach in bestehende Strukturen integrieren. Ein Horst mannshoher Kiefern nimmt einen Bock auf, woanders lehnt eine Leiter an einer tief beasteten Schirmfichte, von der nur wenige Äste entfernt wurden.

Warum aber der ganze lange Text, warum so ein langes Kapitel?

Kanzeln werden gelernt

Die intensive und penible Tarnung begründet sich durch unser Interesse, sowohl Menschen als auch dem Wild gegenüber, die Reviereinrichtungen regelrecht verschwinden zu lassen. Insbesondere Rot- und Damwild kontrollieren Kanzeln, leuchten sie ab, wenn sie erst diese Ansitze kennen gelernt haben. Einmal mehr vernachlässigen viele Revierinhaber die Verstandesleistungen verschiedener Wildarten, insbesondere die des Rotwildes. Warum ist es so schwer zu begreifen, dass ein Rottier die naturfremde viereckige Form einer Kanzel als Fremd-

Man muss nicht bei den Panzergrenadieren gedient haben, um bestehende Kanzeln zu verblenden. Wichtig ist nur eine Frage: Kann das Wild die Ansitzeinrichtung „enttarnen"? Hier halfen einige Äste, etwas Tarnnetz und zwei Sprühdosen Farbe.

Links: Ein Schnappschuss vor dem Abtransport ins Revier. Nach diesem Grundmuster werden fast alle unsere Ansitz-/Drückjagdsitze gebaut – Aufstieg von der Rückseite, vorne verblendet. Platz für zwei Personen sitzend, breite Plattform für guten Stand einer Einzelperson bei der Drückjagd.

Unten die Rohlinge mit Dach. Ob mit oder ohne Dach – die Gewehrauflage ist nicht fixiert und das Sitzbrett klappbar.

Ganz unten: Ein Sitz, fast fertig eingebaut. Auch hier wurde eine kleine Kuppe ausgenutzt. Fehlt direkter Bewuchs hinter dem Sitz, ziehen wir, wie auf dem Bild zu sehen, hinter der Sitzposition des Schützen das Tarnnetz etwas höher.

körper dekodieren kann? Mehr noch: Selbst wenn die Kanzel nun schon hoch gebaut war, mussten dennoch die Scheiben verhängt, die Scharten verblendet werden. Hier sitzen wir nun, in mehreren Metern Höhe und müssen uns wieder verstecken (s. Bild Seite 103). Selbst die Ricke warf erst einen Blick dort oben hin, bevor sie austrat! Was haben wir falsch gemacht?

Statt sich immer weiter zu „verkanzeln", wäre ein anderer Denkweg besser gewesen: Wie verhindere ich, dass meine Ansitzeinrichtungen erkannt, gelernt und kontrollierbar werden? Wie bleibe ich unsichtbar?

Unsere Tarnnetzböcke, kleine Leitern und nachträglich verblendete Kanzeln werden nicht vom Wild „enttarnt". Hier gibt es nichts zu kontrollieren, die Tiere wissen auch nach mehreren Jahren nicht, wo wir sitzen! Passt im Zuge einer Drückjagd an einem Stand der Wind nicht, sind auch wir chancenlos – wir werden vorher wahrgenommen. Aber alle anderen Faktoren können wir minimieren!

Unsere niedrigen Sitze ermöglichen uns ferner höchste Flexibilität. Wir reagieren zügig auf Durchforstungsmaßnahmen oder auf hochgewachsene Kulturen, die mittlerweile zur Dickung geworden und eine Umstellung eines Ansitzbockes verlangen. Auch zwei neue Forstgatter zwingen uns dazu, einen Sitz etwas zu versetzen. Dies sind nur wenige Beispiele, aber alles Aktionen, die mit Kanzeln auf Telegrafenmasten nicht möglich gewesen wären.

Ich möchte auch keinesfalls eine Kanzel verdammen, nur weil sie eine geschlossene Kanzel ist. Gleichwohl würde ich mir mehr Diskretion der Jägerschaft wünschen, wenn es gilt, Ansitzeinrichtungen anzulegen. Vielleicht wäre die Aussicht auf mehr Jagderfolg ein Weg?

Die schnarrende Stimme des Schaffners aus dem Lautsprecher weckt mich aus meinen Überlegungen. Der Zug erreicht gleich den Zielbahnhof. Ein letzter Blick aus dem Fenster zeigt für mich norddeutschen Heidjer eine wahrlich „hochalpine" und beeindruckend schöne Landschaft – gekrönt von einer freistehenden Kanzel auf einem Bergrücken. Schade ...

Der Jagdmonat Dezember

Im Julmond, wie der Dezember früher genannt wurde, erinnert uns das alte, heidnische Lichtfest, das Julfest, an das Wiederaufsteigen der Sonne. Die Sonne gilt seit Jahrtausenden als Urbild aller Lebenskraft. Eine Sichtweise, die in dieser einfachen Art der Naturverbundenheit des hegenden und jagenden Praktikers entspricht. Im Dezember kommt für viele das geistige Empfinden für das christliche Weihnachtsfest hinzu. Der Advent zuvor steht für Ankunft, Vorbereitung und Erneuerung. Diese Wochen bedeuten für viele Jäger Rückblick und Ausblick zugleich, Besinnung – und auch erstmalig etwas Ruhe nach einer hektischen Zeit mit vielen großen Jagden.

Alle diese Gedanken gehen mir durch den Kopf, als ich im Revier eines Jagdfreundes, der auch mich kurz vor Weihnachten noch einmal zum gemeinschaftlichen Ansitz geladen hat, meinen Blick über eine Wiesenpartie schweifen lasse.

„Des hegenden und jagenden Praktikers" habe ich eingangs geschrieben. Was bedeutet „Hege" konkret heutzutage? Und was ist gängige Praxis?

Der Hegebegriff ...

Die Aufgaben des Hegers sind zweigeteilt: Nach außen, in Richtung einer nicht jagenden Bevölkerung,

stellen Jäger vermehrt heraus, dass es „die Natur“ per se nicht mehr gibt. Überall ist „die Natur“ durch den Menschen dauerhaft verändert worden. Der moderne Begriff „Kulturlandschaft“ gibt eher beschönigend wieder, dass Lebensräume und Vernetzungen massiv gestört worden sind. Wildbrücken für ziehende Arten wie Rotwild und Wölfe wären aktuelle Beispiele dafür.

Der Hegebegriff nach innen, im Selbstverständnis der meisten Jäger, ist dann oft untrennbar mit den Begriffen füttern und fördern verbunden. Hege wird in der Fläche als Sicherstellung des Wildreichtums verstanden. Der Jäger sieht sich zudem als Regulator.

Regulieren wir aber wirklich? Auch Waschbären? Oder Rotwild? Tun wir das bei dieser Wildart tatsächlich? Ist die durch Jäger ausgeübte Hege vorteilhaft für den Artenreichtum? Ich habe mindestens im Falle des Artenreichtums meine Zweifel.

Ich werde aus meinen Gedanken gerissen, weil irgendwo ein Auto nebst scheppperndem Anhänger zu hören ist. Gegenüber an der Waldkante, die auch die Reviergrenze bildet, fährt nun ein grüner Geländewagen entlang, der, wie der Blick durch das Doppelglas verdeutlicht, einen mit Rüben beladenen Anhänger zieht. Mehrere Minuten dauert noch das Geklapper, dann biegt das Gespann wieder in den Wald ein.

„Das ist der Futtermeister von unseren Nachbarn“, wird mir später mein Gastgeber erklären, um dann zu ergänzen: *„Die fahren nahezu täglich ihre Kirrungen ab.“* Diese Aussage, die ich so ähnlich schon

Es ist durchaus noch genug Wild zugegen. Rudel wie dieses sind kein Einzelfall. Aber versuchen Sie einmal, aus solchen Ansammlungen eines oder mehrere Stücke seriös herauszuschießen. Foto: Hans-Jürgen Kelm.

öfter gehört habe, lädt wieder zum Nachdenken ein. Nicht nur in dieser Aussage verschwimmen die Begriffe „füttern“ und „kirren“. Auch im Selbstverständnis vieler Jäger scheint das so zu sein. Vergessen wir hier einmal §1 BJagdG oder die rechtlichen Unterschiede einer Kirrung und einer Fütterung. Bleiben wir beim Selbstverständnis, von mir aus beim Bauchgefühl vieler Jäger, Hege ist gleich Füttern.

... und die gängige Praxis

Die Journalistin Karoline Schmidt schrieb in ihrem Beitrag „Wie man Wild erntet“ (Die Presse): *„Zu Beginn unseres Lebens werden wir gefüttert – und am Ende oftmals auch. In den Jahren dazwischen füttern wir andere. Denn der Mensch ist ein großer Fütterer. Er füttert sogar, was per definitionem außerhalb mensch-*

DJV-Präsident Jochen Borchert: „Einzelne schwarze Schafe (...) können wir nicht gebrauchen – erst recht keine grauen Nebenherden“. Ein frommer Wunsch, Bilder wie diese hätten problemlos weiter ergänzt werden können, ein ganzes Buch voll. Übermäßige Futtergaben sind nicht die Ausnahme, sondern eher gängige Praxis. Die zivile Nebenherde ist weitestgehend grau! Foto oben: Karl Kühn. Fotos in der Mitte und unten: Karen Hauskeller-Bullerjahn.

licher Fürsorge steht: Wildtiere. (...) Jäger versorgen nicht ihre Mitmenschen, sondern ihre Beute mit Nahrung. (...) Das passte gut ins Selbstbild der Jäger: Sie kompensieren, was die Bevölkerung dem Wild genommen hat (Stichworte Kulturlandschaft, Lebensraumverlust, Autobahnen, Anm. d. Verfassers).

Praktischerweise dort, wo es die Jäger haben wollen: im eigenen Jagdrevier. Wild, in der ursprünglichsten Bedeutung des Adjektivs 'wandernd, umherirrend', war das Rotwild zunehmend weniger. (...)

Auch in früheren Jahrhunderten und Jahrzehnten hat man dem Wild in besonders schneereichen Wintern Heu vorgelegt, aber sobald sich die Fütterung durch die gesetzliche Verpflichtung als Norm und Notwendigkeit in den Köpfen festgesetzt hatte, gab's kein Halten mehr. (...) Nun sollte sie nicht mehr nur das Wild ans Revier binden und sein Überleben sichern, sondern auch Kondition und Geweihmasse maximieren. (...) Als überaus wirksames Lenkungsinstrument macht die Fütterung das Wild und damit den Jagderfolg voraussehbar. (...) Die Autorin Schmidt spricht hier indirekt einen Punkt an, den ich für die gegenwärtie Situation in unseren Rotwildrevieren als ganz bedeutsam erachte: Die geringe Größe! Wie auch an anderer Stelle in diesem Büchlein anklingt, sind unsere Reviere für eine Flächen-Wildart wie Rotwild einfach viel zu klein. Zwar schließen wir uns über viele tausend Hektar zu Hegegemeinschaften zusammen, doch das Gemeinsame endet zumeist an der Reviergrenze. ICH, so denkt der Jäger/Heger, möchte in meinem Bezirk auch Wild sehen, verfügbar haben, jagen, erlegen. Deshalb erscheint mir das Argument *„überaus wirksames Lenkungsinstrument"* das entscheidende zu sein!

Denn auch die Segnungen der Futtergaben auf *„Kondition und Geweihmasse"* lassen sich nur nutzen, wenn das Wild, maximal der starke Hirsch, im Revier bleibt oder (via Kahlwild) angelockt und gebunden werden kann. Mehr noch: Dank langjähriger „Hege" entsteht ein gefühlter, individuell wahrgenommener Anspruch auf die umsorgten Tiere. In vielen Analogien zur Land- und Forstwirtschaft wird dann folgerichtig vom „Erntehirsch" gesprochen. Wir haben gesät und lange umsorgt (und bezahlt) – kurz: gehegt – nun wollen wir auch ernten. Es klappert wieder. Richtig, der Geländewagen fährt an der Waldkante zurück. Da der Anhänger nun leer zu sein scheint, hüpft er prächtig über alle Bodendellen und Schlaglöcher und scheppert vernehmlich. Selbst das sonst so tolerante Rehwild wirft auf und springt ab. Nun, da die Bühne leer ist, bleibt mir auch noch Zeit, mir Gedanken um den Inhalt des Anhängers zu machen. Spontan fallen mir drei Publikationen ein.

Rauhfutter statt Rüben, Ruhe statt Repetierer

Die Fütterung im Rotwildgebiet Südschwarzwald ist aufgrund der eher schlechten Winteräsungskapazität derzeit noch unverzichtbar. Ziel ist es jedoch, die winterlichen Äsungsbedingungen durch waldbauliche Maßnahmen so zu verbessern, dass die Fütterung weiter extensiviert und langfristig evtl. sogar aufgegeben werden kann. (...) ist eine stetige Abnahme der Fütterungsintensität in Verbindung mit einer Umstellung auf energieärmere Futtermittel festzustellen.

Inzwischen ist ein hoher Grad an Naturnähe der Futtermittel erreicht. Dies entspricht neuen Erkenntnissen über den reduzierten winterlichen Stoffwechsel („Winterschlaf") des Rotwildes (ARNOLD, 2002), der sich nur einstellen kann, wenn Rotwild kein energie- und eiweißreiches Futter erhält. Aus den Untersuchungsergebnissen von ARNOLD (2002) ist insbesondere auch abzuleiten, dass an den Fütterungen die Vermeidung von Störungen eine unverzichtbare Bedingung ist. Die notwendige Beruhigung der Fütterungsbereiche konnte durch Jagdruhe und ein Betretensverbot weitgehend erreicht werden.

Aus: Rotwild im Südschwarzwald, 2009. Konzeption eines integrativen Rotwild-Managements

Der verborgene Winterschlaf

Erstens ein Beitrag aus der Jagdzeitschrift „Der Anblick" im Februar 2002. Univ. Prof. Dr. Walter Arnold legte anhand seiner Untersuchungen an Rotwild dar, wie sehr sich Rotwild in einen *„verborgenen Winterschlaf"* begibt, so auch der Titel des Artikels. Neben dem extremen Ruhebedürfnis des Rotwildes zeigt Arnold auf, wie sich *„im Panseninhalt des Rotwildes die Veränderungen in den Nahrungspflanzen im Jahresablauf widerspiegeln"* und wie kontraproduktiv (für das Rotwild und den Wald) das Verfüttern von zu energie- und zu eiweißreicher Nahrung zu diesem Zeitpunkt des Jahres ist.

Anknüpfend an diesen Artikel fallen mir die Beiträge „Auf Sparflamme" und „Der Winterschlaf" von Dipl.-Biol. Gundula Thor in der

Jagdzeitschrift „St. Hubertus" (Ausgaben 10 + 11/2010) ein. Sie schreibt: *„Die Einteilung in Winterschläfer und Winterruher ist offenbar nicht mehr sehr sinnvoll."*

Jagd möglichst früh beenden

Sie führt aus, dass sich Rotwild während dieser Phasen merklich langsamer bewege. Dies sei keine Folge von geringerer Äsungs- und damit Energieaufnahme, sondern ganz im Gegenteil, eine körperinterne Anpassung an sinkende Mengen verfügbarer Äsung. Rotwild versuche also – im doppelten Sinne – den Winter zu überstehen! Ihr Fazit: *„Wildbiologisch ist es also sehr sinnvoll, die Bejagung von Rotwild möglichst frühzeitig im Winter zu beenden."*

Das ist eine Steilvorlage zu einem Skript der Deutschen Wildtierstiftung mit dem Titel „Jagdfrei für den Rothirsch ab Silvester": *„Die Jagd auf Rotwild im Januar und Februar ignoriert alle wissenschaftlichen Erkenntnisse. Im Spätwinter zu jagen, provoziert Wildschäden".*

Diesbezüglich werden wir uns noch an die eigene Nase fassen müssen, da haben wir selber viel falsch gemacht. Aber die letzte Aussage wiederum ist eine gelungene Überleitung zum kommenden Monat und dem anstehenden Thema „Schalenwild und Wald".

Ein Gesetz, eine Verordnung und eine private Rechnung

NJagdG, § 33, Kirren:
Futter darf zum Anlocken und Erlegen des Wildes nur
1. in geringen Mengen,
2. als artgerechtes Futter und
3. ohne Verwendung von Fütterungseinrichtungen und -behältern ausgebracht werden (Kirren).

Ausführungsbestimmungen zum NJagdG, zu § 33 (Kirren):
33.1 Das Kirren ist vom Füttern streng abzugrenzen und zu unterscheiden. Als geringe Menge und artgerechtes Futter werden maximal 4 kg heimische Feld-, Baum- und sonstige Waldfrüchte angesehen, die auf eine bis zwei Kirrstellen je 75 ha zusammenhängender Jagdfläche ausgebracht werden.

Macht dann zusammen:
In 239 Hektar Jagdfläche passen 3 x 75 ha. Gem. oben stehendem Text sind somit 6 Kirrungen möglich. „Maximal 4 kg" x 6 Kirrungen = 24 kg/Tag. Bei täglicher Kirrung (x 365 Tage) an diesen sechs Kirrungen sind somit 8.760 kg legal. Habe ich mich verrechnet? Kann das stimmen?

Der Jagdmonat Januar

Obwohl auch noch das Schalenwild Jagdzeit hat, sollten die Abschüsse – auch die des Rehwildes – bereits erfüllt sein. Wer seine Abschusspläne hingegen nicht im abgelaufenen Kalenderjahr abarbeiten konnte, gerät nun in Zeitnot. In manchen Revieren fällt der Jagdleitung erst jetzt ein, dass ja noch Tiere, Ricken & Co erlegt werden müssen.

Jetzt wird versucht aufzuholen, was monatelange Rücksichtnahme auf die Hirsche oder jagdliche Versäumnisse an unnötigem Zeitdruck angehäuft haben. Konsequenz auch in diesem Jagdmonat: Nachtjagd auf Rotwild und dies selbst in reinen Waldrevieren, für mich ein Armutszeugnis! Schlimmer noch: Die Nachtjagd ist per Gesetz als Ausnahmeregelung nur dort vorgesehen, wo für bestimmte Reviere (nicht alle) aus begründetem Anlass (nicht überall) eine abweichende Regelung zur Wildschadensabwehr nötig ist. Wer wehrt wie in den Wintermonaten welchen Wildschaden ab? Die Felder sind abgeerntet und Waldwildschäden hätten, unter anderem durch eine umfassendere Bejagung des Schalenwildes bereits im Mai oder gemeinschaftliche Ansitz- sowie eine Gesellschaftsjagd, längst eindämmt werden können und müssen. Treffend schreibt Theo Grüntjens, Vorsitzender der Hochwildhegegemeinschaft Suderburg: *„Die Nachtjagd ist selten und nur an wenigen Orten vielleicht notwendig. An einer Sonderregelung, als echte Ausnahme, wird sich auch keiner stören. Nachtjagd ist nicht mehr zeitgemäß und sollte deswegen schnellstens aufhören"*.

In unserer Region wird – alle Jahre wieder – zur „Ausnahmeregelung" gegriffen. Die Ausnahme ist die Regel geworden und erneut dokumentiert dieser Umstand, dass die Masse der Jäger nicht in der Lage ist, ihre gesetzlichen Aufgaben zu erfüllen (die Schwarzwild-Debatten lassen grüßen). Woran mag das liegen? Noch einmal Theo Grüntjens: *„Jäger scheinen von jeher neuem und fortschrittlichem Denken in der Behandlung der Wildtiere eher konservativ und traditionell gegenüberzuste-*

Amtliche Bekanntmachungen

Allgemeinverfügung

An alle Inhaber der zu den Hegeringen 2 bis 14 gehörenden Jadbezirke und der zu den Hochwildgemeinschaften Süsing, Suderburg, Oberer Drawehn und Göhrde - soweit sie im Landkreis Uelzen liegen - gehörenden Jagdbezirke.

Aufhebung des Nachtjagdverbotes für Rotwild (Kahlwild und Hirsche der Klasse III) für die Hegeringe 2 bis 14 und die Hochwildhegegemeinschaften Süsing, Suderburg, Oberer Drawehn und Göhrde.

Gemäß 24 Abs. 5 Nr. 1 des Niedersächsischen Jagdgesetzes (NJagdG) vom 13.03.2001 (Nds. GVBl. S. 100) in der zur Zeit geltenden Fassung wird allen Inhabern der o.a. Jagdbezirke zur Erfüllung des Abschussplanes und zur Verhinderung von Wildschäden erlaubt, in ihren im hiesigen Landkreis gelegenen Jagdbezirke bis zum 31.03.2013 Rotwild (Kahlwild und Hirsche der Klasse III) zur Nachtzeit zu erlegen.

Alle Jahre wieder: Die Aufhebung des Nachtjagdverbotes. Können wir uns nicht mindestens in reinen Waldrevieren dieses Armutszeugnis ersparen? Foto: Ausschnitt aus der Veröffentlichung in verschiedenen Zeitungen Nordostniedersachsens.

hen. Da aber die Werte- und Normendiskussion in der Gesellschaft schneller vorangeht, als manche es wahrhaben wollen, bleiben wir immer diejenigen, die nur reagieren, anstatt selber nach vorn blickend zu agieren. Rotwild ist längst nicht mehr eine Wildart, die die Jäger und Waldbauern interessiert, sondern hat durch seine Leittierfunktion für eine bestimmte Tierartengruppe in unserem Lande das Interesse anderer Betrachter gefunden. Lebensraum und dessen Gestaltung für den großen Graser ist auch für die Naturschutzverbände mittlerweile von großem Interesse. Es gibt in diesen Kreisen bereits eine beachtliche Anzahl von Experten, die sich um das Wohlergehen dieser Wildart bemühen. Deren Vorschläge, auch zur jagdlichen Behandlung dieser Tierart, sind größtenteils wissenschaftlich einwandfrei begründet und nachvollziehbar.

Der gedankliche Ansatz ist jedoch ein anderer als bei vielen Jägern, die oft nicht gewillt sind, über den eigenen Revierrand zu schauen, obwohl wir Jäger wissen, dass das Streif-

Die Sau um 7.45 Uhr erlegt, den Fuchs um 8.30, den Bruch am Hut „auf 6.00 Uhr". Es gibt Hardliner, die hier schon wieder einen Brauchtumsverstoß bemängeln würden. Foto: Katrin Burkhardt

gebiet des Rotwildes sich nur selten an Reviergrenzen orientiert."

Unterstellen wir einmal, dass familiäre/berufliche Zwänge es verhinderten, alle Abschüsse vor dem Januar zu tätigen. Nehmen wir einmal an, dass die Gesellschaftsjagd nicht so gegriffen hat, wie sie sollte. Wie kann man doch noch schnellstmöglich und zugleich schonend nachregeln?

Man muss „gönne könne"

Wieder sind Jäger nun oft nicht in der Lage, *„über den eigenen Revierrand zu schauen"*. Selten wird zu gemeinsamen Ansitzen eingeladen, selten springt einer über den eigenen Schatten. Wie viele Tiere werden nicht geschossen, nur weil der Gedanke vorherrscht, lieber alles selber erlegen zu wollen? Besser Postkarten-Alttier und Postkarten-Ricke, als anderen etwas zu gönnen? Gibt es bei Ihnen nicht Jungjäger, die liebend gerne ansitzen würden? Sprechen wir doch einmal einige von ihnen an. Trauen wir unseren Jungjägern doch mehr zu. Gemeinsame Ansitze erreichen viel: Statt zehnmal das Revier zu beunruhigen, sitzen beispielsweise zweimal je fünf Jäger an. Nebenbei wird die Geselligkeit gefördert – und manchmal entstehen auch Freundschaften. Versuchen wir als Notnagel bitte, mit gemeinsamen Ansitzen nachzuregeln, wenn es aus den genannten Gründen nicht anders geht. Brechen Sie aber bitte keine Gesellschaftsjagd mit Treibern und Hunden vom Zaun. Wer solche Jagden jetzt abhält, treibt das Wild in Ernährungsengpässe, lädt zum Schälen ein und handelt wildbiologisch grob fahrlässig (siehe vorheriger Beitrag)!

Das Telefon klingelt, es meldet sich Förster von Mirbach: *„Wir müssen bei Dir in die Bestände, der Harves-*

ter ist im Süden fertig. Ab Montag fängt er in 210 an". Maschineneinsatz mit dem Harvester bedeutet oft Dauerlärm, nachts mit Beleuchtung. Den Jägersmann graust es, die Jagd bricht zusammen. Falsch gefolgert! Den Harvester kennzeichnet in der Tat seine akustische und optische Präsenz. Das macht ihn aber für alles Wild so leicht berechenbar. Ferner birgt er einen immensen Vorteil, besonders aus Sicht des Schalenwildes: Er sägt ihnen Äsung entgegen!

Bei den riesigen Harvestern und Forwardern kann man es schon mit der Angst zu tun bekommen. Das Wild fürchtet sich hingegen nicht.

Überall liegt frisch gefälltes Holz. An die dünne Spiegelrinde im oberen Stammbereich wäre das Wild ohne das Fällen der Bäume nicht herangekommen. Nun liegt alles mundgerecht auf dem Waldboden. Die Folge: Trotz des Motorenlärms, laufender Säge und krachenden, metallischen Geräuschen, folgen die Tiere dem Ungetüm. Wie formulierte es der eben genannte Revierbeamte einmal so treffend: *„Der Harvesterfahrer hat Mühe, das Rotwild nicht in die Zange zu bekommen."*

Die frisch gefällten, liegenden Stämme werden umgehend geschält.

Auch das sollte uns Jägern zu denken geben. In unserem Fall führen diese Erkenntnisse unter anderem dazu, dass wir Drückjagdstände in sensiblen Bereichen im Juli/August mit laufender Motosäge auszeichnen. Das Rot- und Damwild schaute uns zu. Jetzt, im Januar nach Wind- und Eisbruch, müssen alle Gatter, auch in der Ruhezone, kontrolliert werden? Kein Problem: Zügig fahren, Fenster offen, Autoradio an. Nach dem Aussteigen läuft die Säge ...

Schalenwild & Wald

Ziel der aktuellen Forstpolitik ist ein artenreicher Mischwald. Der Wald soll seine zahlreichen Funktionen (Wasserspeicher, Lebensraum, Immissionsschutz, Sauerstoffproduzent und so weiter) möglichst auf der Grundlage dieser naturnahen Mischwälder erfüllen. Mischwälder sind aber keine Produkte kurzer Entstehungszeiten, sondern komplizierte Systeme mit zahlreichen Vernetzungen, die in der Regel erst wachsen beziehungsweise mancherorts sogar erst entwickelt werden müssen.

Die Vorteile dieser Waldform sind vielfältig: Mischwälder sind weitaus besser zum Beispiel gegen Insekten, Stürme und Feuer gewappnet, als nur mit einer Baumart bestandene Wälder. Zudem können hier weit mehr verschiedene Tier- und Pflanzenarten leben. Die moderne Forstwirtschaft muss beim Waldumbau zudem die Auswirkungen des Klimawandels im Auge behalten.

Viele Wälder befinden sich heute aber, nach Heide- und Ödland-Aufforstungen, Reparationshieben, Stürmen oder Feuer, immer noch in einem Pionier-Zustand oder bestehen aus dem Standort nicht angepassten Baumarten. Der Umbau dieser Wälder in naturnahe Waldformen ist ein langfristiger Entwicklungsprozess und wird noch viele Jahrzehnte andauern.

Egal, ob bereits umgebauter Wald, noch vorhandene Monokulturen oder sich im Umbruch befindender Wald – überall ist er Lebensraum von Rehen sowie vielerorts von Rot-, Dam- und Muffelwild. Alle diese Wildarten gehören, wenngleich mit unterschiedlichen Präferenzen, zu den Pflanzenfressern – und damit stehen Bäume und ihre Bestandteile auf dem Speiseplan des Schalenwildes. Neben der Nutzung als natürliche Nahrungsquelle, kann das Verhalten des Wildes den Wald und seinen Wuchs beeinträchtigen. Dazu gehört in besonderem Maße das Fe-

Man mag ihn nur bedauern: Rothirsch im Stangenacker. Wenn wie hier in einem Wald die Funktionen von Äsung und Deckung getrennt sind, sind solche Bestände besonders wildschadensanfällig. Foto: Eike Mross

gen mit Geweih und Gehörn an Bäumen, entweder zur Entfernung des Bastes, zum Kennzeichnen des Territoriums oder als Imponiergehabe. Dieses Verhalten kann in einem Wald zu großem Schaden führen, da die Beschädigung der so genutzten Bäume erheblich ist.

Findet sich im Wald ein ausgewogenes Verhältnis von Wild und Bäumen, ist die Nutzung als Nahrungsquelle und das Verhalten der Tiere unproblematisch. Das Wild richtet dann auch keine „Schäden“ an. Gibt es hingegen zu viel Schalenwild im Wald, leiden nicht nur einzelne Bäume darunter, sondern das gesamte Ökosystem Wald. Die Auswirkungen eines überhöhten Wildbestandes auf den Wald macht die Umsetzung des ökologischen Waldumbaus nahezu unmöglich.

Verbiss

Reh, Hirsch & Co können den Wald auf unterschiedlichste Art und Weise dem Lebensraum beeinflussen. In Maßen ist dies völlig natürlich und auch waldverträglich. Im Übermaß, bei überhöhten Wildbeständen, hingegen kann der Wald diese Einflüsse nicht mehr ausgleichen.

Das An- und Abfressen von Knospen und Trieben bedeutet für den geschädigten Baum, dass er langsamer oder schief und krumm beziehungsweise gar nicht mehr weiterwächst. Werden zum Beispiel Seitentriebe verbissen, ist dies besonders für junge Pflanzen ein Problem, da die notwendige Blatt- beziehungsweise Nadelmasse für das Höhenwachstum fehlt. Sehr starker Seitentriebverbiss kann sogar ältere Pflanzen beeinträchtigen. Die forstliche Nutzung ist nur noch eingeschränkt möglich. Wird hingegen der Leit- oder Terminaltrieb verbissen, entsteht ein hoher forstlicher Schaden, sofern nicht ausreichend viele, unverbissene Bäume verbleiben, die die angestrebten Nutzungsziele gewährleisten. Das Abäsen dieses Triebes beeinträchtigt auch das Höhenwachstum. Je nach Baumart hat der Leittriebverbiss zur Folge, dass die Pflanze als Ersatz zwei oder sogar mehrere Wipfeltriebe ausbildet. Dies bedeutet aus forstlicher Sicht einen enormen Wertverlust. Mehrfach verbissen, sterben einige Bäume sogar ab.

Ein Verbiss findet sich vielerorts besonders an seltenen (!) Baumarten des Waldes. Dadurch verringern Rehe und Hirsche die Artenvielfalt des Waldes, weil es so schlimmstenfalls zum Verschwinden ganzer Arten kommen kann. Zumindest führt selektiver Verbiss zur Entmischung der Baumarten, das heißt bei starkem Verbiss können wildbedingte Monokulturen entstehen. Selektiv, also bevorzugt, verbissen wird zum Beispiel die Eiche, die in vielerlei Hinsicht ein wertvoller Laubbaum ist. Kommt sehr viel Wild im Wald vor, werden sogar Hauptbaumarten wie Kiefer und Fichte verbissen. Mehr noch: Verbiss kann die vielerorts angestrebte Naturverjüngung verhindern! Sowohl aus forst-ökonomischer als auch aus waldbaulich-ökologischer Sicht gehört Verbiss zu den großen Schadfaktoren im Wald, die sowohl natürliche als auch monetäre Verluste nach sich ziehen.

Schälschäden

Auf dem Speiseplan steht bei Rot-, Dam- und Muffelwild, wenn möglich, auch Baumrinde, da in ihr viele Mineralien enthalten sind. Das Abfressen der Baumrinde wird als „Schälen" bezeichnet wird. Die Verletzung der Rinde bedeutet für den Baum ein ernsthaftes Problem. Pilze und Insekten können leicht eindringen, der Baum wird geschwächt. Die Folge sind zum Beispiel Stabilitätsverluste, die dazu führen, dass diese Bäume bei starkem Wind und Stürmen schneller abbrechen. Verliert ein Baum durch das Schälen sehr viel Rinde, kann er sogar absterben.

Neben zunehmender Instabilität und größerer Windwurfgefahr, ist der Schälschaden aus wirtschaftlicher Sicht auch aus einem anderen Grund sehr problematisch: Das Holz wird entwertet, es kann nicht mehr vermarktet werden, der Waldbesitzer bekommt weniger Geld.

Fegeschäden

Die Geweihe der Rot- und Damhirsche sowie der Rehböcke werden einmal pro Jahr abgeworfen und komplett neu gebildet. Während der Wachstumsphase umgibt das Geweih eine Nährhaut, der Bast. Der Bast muss nach Fertigstellung des Geweihs wieder abgescheuert werden – für das „Fegen" werden Bäume benötigt. Das männliche Tier sucht sich bevorzugt einen jungen Baum aus und scheuert sich mit erstaunlicher Kraft am Stamm und Ästen. Die noch junge Pflanze übersteht die Prozedur des Abfegens wegen der

Rindenverletzungen oft nicht. Junge Bäume werden gelegentlich im Zuge des Fegens gleich abgeknickt. Die Rehböcke befegen gleich sehr viele verschiedene Bäume, denn sie nutzen sie nicht nur zum Abscheuern des Bastes. Böcke leben territorial und zeigen durch das Fegen und den Einsatz von Duftdrüsen allen anderen Böcken: „Dieses Waldstück ist schon besetzt" – sie markieren ihr Revier.

Schlagschäden

Rot- und Damhirsche zertrümmern kleine Bäume, insbesondere in der Paarungszeit. Das bezeichnet man als „Schlagschaden". Sie wollen damit nicht nur überschüssige Energie abbauen, sondern – ähnlich wie der Rehbock – ein Signal setzen:

- Ziel ist es, Nebenbuhler zu beeindrucken: „Seht' einmal, wie stark ich bin, kämpft nicht mit mir, ihr könntet doch nur verlieren."
- Ferner muss der Hirsch weiblichen Stücken imponieren. „Ich bin gesund, meine Kinder werden stark, sie überleben."

Der Hirsch dokumentiert also, dass er für die Fortpflanzung besonders geeignet ist. Was für ihn notwendig und von Vorteil ist, kann für einen Baum nur Nachteile haben, denn durch die Krafteinwirkung des Schlagens sterben viele junge Bäume ab oder neigen zu Krüppelwuchs. Auch hier trifft es jüngere Bäume. Die Folge für den Wald: Nachwuchs und Verjüngung des Waldes werden gehemmt. Auch das läuft den Zielen des Waldumbaus zuwider.

Es ist die Summe, die eine Rechnung macht! Es ist das Zusammenspiel der Faktoren, das darüber entscheidet, ob wir von tragbaren Verhaltensmustern oder von Schäden sprechen. Verbiss-, Schäl-, Fege- und Schlagschäden summieren sich durch zu viel Wild auf einer Waldfläche.

Zur Erinnerung: Findet sich im Wald ein ausgewogenes Verhältnis von Wild und Bäumen, sind alle Lebensäußerungen der Tiere unproblematisch. Derzeit befindet sich aber vielerorts zu viel Wild im Wald, die Schäden, die dadurch entstehen, sind erheblich. Neben der Störung des gesamten Ökosystems Wald, bedeuten diese Schäden außerdem auch beträchtliche wirtschaftliche Verluste. Dazu gehören dann unter anderem:

Oben: Fegeschaden
Oben rechts: Mehrfach verbissene Bäume
Rechts: Schälschaden

Aufnahmen aus dem Niedersächsischen Forstamt Unterlüß (siehe dazu auch die Seiten 131/132).

- Verlust des Zuwachses
- Verlust des Holzwertes

Die Vermarktung des Holzes ist aber ein wesentlicher Bestandteil der heutigen Forstverwaltungen. Der Wald wird nach bestimmten Aspekten bewirtschaftet, damit ein größtmöglicher Ertrag an Holz geerntet werden kann. Die Förster versuchen daher, „ihre" Bäume vor Wild zu schützen, damit diese ungeschädigt wachsen können.

Als Gegenmaßnahmen gegen Schäden durch Wild kommt entweder der Schutz jeder einzelnen Pflanze oder der Schutz einer ganzen Fläche in Frage. Dazu stehen folgende Maßnahmen zur Verfügung:

- Einzelschutz: Drahthose, Schafwolle, Farbe, Wickelband, Plastikmanschette, Rindenhobel ...
- Flächenschutz: Forstgatter (Zäune), die je nach Wildart(en) 1,5 bis 2,5 Meter hoch sein müssen.

In vielen Wäldern müssen derzeit aufgrund zu hoher Wilddichten Zäune als Schutz eingesetzt werden, denn die Jungpflanzen hätten sonst keine Chance zu wachsen. Das Wild würde sie verbeißen und abfressen. Beim Einsatz der Zäune oder Gatter werden die daraus resultierenden Folgen oft vergessen oder gar in Kauf genommen.

Wenn man die beiden fragen würde, was ihnen genehmer wäre, würden sie sich wohl für den Einzelschutz (im Bild vorne links) und nicht für den Flächenschutz (Bildhintergrund) entscheiden.

Gehen wir doch einmal gedanklich durch ein Waldrevier und versetzen uns in die Lage des Schalenwildes. Neben dem Auffinden von Ruheplätzen, spielt die Nahrungsbeschaffung eine wichtige Rolle. Welche Äsungsmöglichkeiten sind in dem Waldrevier also vorhanden? Zum einen finden sich hier beispielsweise Nadelholz dominierte „Stangenäcker", zum anderen gibt es dort äsungsarme Buchenalthölzer, unter deren Kronenräumen nur im zeitigen Frühjahr Äsung zu finden ist. Die geschlossene Fichtendickung taugt zwar als Deckung, bietet aber keine Nahrung. Als einzigen Lichtblick gibt es die Waldlichtung, die gerade neu bepflanzt wurde. Hier wäre das Erschließen einer neuen Nahrungsquelle möglich, denn Reh und Hirsch, sonst wie beschrieben nur von Monokulturen umgeben, warten dankbar auf jede Bereicherung des Speiseplanes. Wie ein Magnet wirken solche Flächen, auf denen mal etwas anderes wächst. Folgerichtig drohen den jungen Pflanzen Gefahren durch das Wild – schnell muss zum Schutz ein Zaun her. Dort steht er dann, während die

Bäume wachsen, oft 15 bis 20 Jahre lang als Schutz.

Was bedeutet das aus Sicht des Wildes? Zunächst versiegeln Gatter den Wald. Diese Flächen sind unpassierbar und hinter der Absperrung gibt es keinen Zugriff auf Äsung. Ein erhöhter Wilddruck lastet als Folge auf den verbleibenden Flächen. Die dort entstehenden Schäden addieren sich zu den hohen Erstellungs-, Kontroll- und Unterhaltungskosten für bereits „wilddicht" eingezäunte Flächen.

Bestehen nun die Schutzvorrichtungen länger, bleiben diese irgendwann nicht mehr wilddicht. In Gebieten, in denen sich das Schwarzwild früher oder später einen Weg in das Innere eines Forstgatters sucht, folgt insbesondere Rehwild bald nach. Es kriecht unter den Zäunen durch wie die Sauen.

Es sind nicht nur die Verlockungen abwechslungsreicher Äsung, die das Wild an den gezäunten Flächen reizt. Bei den vielen Menschen, die in den Wald drängen, herrscht manchmal nur noch dort Ruhe, wo Zäune den Menschen abhalten – die Jäger übrigens eingeschlossen.

Man sieht den Wald vor lauter Zäunen nicht

Wie können wir diesen Umstand ändern? Gehen wir doch einmal durch unsere Reviere und überprüfen kritisch, für welche Zäune überhaupt noch Bedarf besteht. Sicherlich finden sich Flächen, deren Zäunung (mittlerweile) überflüssig ist. Nun muss ein klärendes Gespräch mit dem Grundeigentümer zur Beseitigung des Zaunes führen. Je nach Landesgesetzgebung hat der Erbauer sogar die Pflicht, Zäune abzubauen, die keinen Zweck mehr erfüllen. Davon werden wahrscheinlich nicht viele Zäune betroffen sein, dennoch lohnt es sich ...

Zäune gehören immer noch zum Erscheinungsbild des Waldes, leider – und wir nehmen das hin. Warum eigentlich? Liegt es daran, dass es mittlerweile eine Waldbesitzer-, Förster- und Jägergeneration gibt, die nie einen Wald ohne Zäune gesehen hat? Oder liegt es an der Eigenart des Menschen, selbst negative Dauerzustände irgendwann einmal für normal zu halten? Die Ist-Situation in vielen Waldregionen ist heute diese: Um die Verjüngung und Mischung des Waldes mit Jungwuchs zu fördern, müssen aufgrund einer zu hohen Wilddichte Zäune eingesetzt werden, damit die Pflanzen überhaupt eine Chance haben und nicht im Äser der einzelnen Wildarten verschwinden. Das bedeutet kurz gesagt: immer mehr Zäune, weil immer mehr Wild vorhanden ist. Das erinnert an den Kampf von Don Quichotte gegen die Windmühlen.

Daher sei die Gatterfrage einmal von anderer Seite beleuchtet: Warum wird nicht die Ursache beseitigt, sondern werden nur die Symptome behandelt? Mein Wunsch: Statt Steuergelder zu verschwenden, soll-

300 Millionen Euro bis 2020?

Der Oberste Bayerische Rechnungshof hat mit zwei Staatlichen Rechnungsprüfungsämtern Wirksamkeit und Verwaltungsaufwand bei der Waldbauförderung geprüft. Untersucht wurden vor Ort 267 Wiederaufforstungsmaßnahmen im Privat- und Kommunalwald. (…) Prüfungsfeststellungen:

Von den 267 geprüften Aufforstungsmaßnahmen der Jahre 2003 bis 2006 war der größte Teil (74 %) gezäunt worden, um sicherzustellen, dass die Kulturen aufwachsen können, also nicht verbissen werden. Bei Annahme einer Zäunung von 74 % (…) errechnen sich Zaunbaukosten von 6,2 Mio. Euro (…). Bei aktiven Waldumbaumaßnahmen auf 100.000 ha ergäben sich somit bis 2020 für den Zaunbau und -unterhalt Ausgaben von rd. 300 Mio. Euro, wenn der Verbissdruck nicht sofort deutlich gesenkt wird.

Die restlichen Flächen (26 %) wurden bis auf wenige Ausnahmen mit Pflanzen über Verbisshöhe (Heister) bestockt. (…) Die Zäunung von Laubbäumen und Tannen bzw. die Verwendung von (Laubbaum-) Heistern sind wegen des hohen Verbissdruckes notwendig. Die von der Forstverwaltung (…) ermittelte Zahl, wonach bei zwei Drittel der Waldflächen in Bayern die Verbissbelastung hoch bzw. deutlich zu hoch ist, wird hierdurch untermauert.

Wie der ORH bereits mehrfach in Jahresberichtsbeiträgen dargelegt hat, muss das Ziel, den durch Wildverbiss verursachten Schaden zu vermeiden, durch die Jagd erreicht werden. (…). Nach den vorliegenden Zahlen steht infrage, ob die Ziele des Waldumbaus bis 2020 erreicht werden können. Gründe dafür sind lt. Umfragen bei den ÄELF u. a. hoher Verwaltungsaufwand, Wildverbiss und die fehlende Bereitschaft der Waldbesitzer. (…) Die Prüfungsergebnisse untermauern auch die Forderung des Landtags, dass bei der Jagd deutlich mehr Steuerung durch die Oberste Jagdbehörde und die Regierungen erreicht werden muss. Ein geringerer Verbiss führt zu weniger Zäunungskosten (…).

Quelle: www.orh.bayern.de. Anm.: Der ORH hat festgestellt, dass der Verwaltungsaufwand bei fast 40 % der ausgereichten Fördermittel liegt. Es sieht zudem die Empfänger der Förderung mit hohen Kosten für Zäune gegen Wildverbiss belastet.

te jedwede Förderung von Zäunungskosten umgehend eingestellt werden.

Das ist durchaus kein neuer Gedanke, sondern wird gelegentlich bereits erkannt, wie folgendes Zitat zeigt: *„Technische Schutzmaßnahmen zur Wildschadensverhütung (...) können zwar kurzfristig zu einer Entspannung beitragen, am Grundproblem ändern sie allerdings nichts.“* (Rainer Schretzmann, aid)

Wildschäden von Jägern und Waldbesitzern unterschätzt

Die Populationen waldbaulich bedeutender Wildarten (Rot-, Dam- und Rehwild) steigen seit Jahrzehnten immer mehr an. Statt weniger, bekommen wir immer mehr Wild im Wald. Die Folgen:

- Wildschäden nehmen zu.
- Die Kosten für Schadensprävention steigen.
- Die Zuwachs- und Holzwert-Verluste summieren sich.
- Der Jagdaufwand wird größer.

Es besteht daher ohne Frage Handlungsbedarf. Was beim Thema Waldwildschäden noch am meisten erstaunt, wird in dem KWF-Merkblatt Nr. 16 „Schutzmaßnahmen gegen Wildschäden im Wald“ so formuliert: *„Wildschäden werden in ihren Auswirkungen von Waldbesitzern und Jägern oft unterschätzt.“*

In der Tat: Der Grundbesitzer X, der penibel über seine Feldfrüchte wacht, Saatgutmengen, Ertragszahlen und Marktpreise im Kopf hat, achtet auf seine Schläge und meldet gegebenfalls Feldwildschäden an. Der gleiche Mann, auf die Schäden in seinem Wald nebenan angesprochen, reagiert überrascht, wenn nicht mit Schulterzucken.

Mehrere Vorträge vor Mitgliedern verschiedener Forstbetriebsgemeinschaften legen den Schluss nahe, dass – insbesondere im kleinflächigen Privatwald – das Thema Waldwildschäden noch nicht angekommen ist. War es nicht früher eben dieser Personenkreis, der den eigenen Wald als Aussteuer, Sparkasse, Rücklage oder Altersversicherung definierte? Daher seien folgende, in oben erwähnten Vorträgen gestellte Fragen hier einmal wiederholt:

- Wann war der Waldbesitzer zusammen mit dem ihn betreuen-

„Unter allen Bemühungen des Forstwirts ist wohl keine wichtiger und verdienstlicher, als die Nachzucht des Holzes oder die Erziehung junger Wälder, weil dadurch die jährliche Holzabgabe wieder ersetzt und dem Wald eine ewige Dauer verschafft werden muss." Georg Ludwig Hartig, bereits 1791! Foto: Hähereichen (Quercus petraea) unter Kiefer (Pinus sylvestris), Niedersächsisches Landesforstamt Göhrde, Aufnahme: Peter Pabel.

den Förster im Wald, um das Thema Wildschäden zu erörtern?
- Wann waren Waldbesitzer, Förster und der jeweilige Jagdpächter einmal zu einer Begehung gemeinsam im Wald?

Wenn schon Jäger nicht begreifen, dass letztlich ihr Jagderfolg zur Gesundheit des Waldes und des Wildes beiträgt (Studie der Bayerischen Landesanstalt für Wald und Forstwirtschaft, 2009: *„80 % der Jagdpächter und Eigenjagdbesitzer waren (...) der Meinung, dass Fütterungen der Verhinderung von Verbiss-Schäden dienen, ebenso 80 %, dass Verbiss kein finanzielles Problem darstelle"*), dann müssten doch wenigstens die Waldbesitzer diese Problematik aufgreifen!

Gerade diesen müsste es doch ein Anliegen sein, den Wald zu schützen, denn schließlich ist der Wald eine Einnahmequelle. Aber Fehlanzeige: Gerne lässt man sich als Waldbesitzer zertifizieren (FSC, PEFC), um bei der Vermarktung des Holzes ein weiteres Verkaufsargument zu haben. Ein Zertifizierungssiegel macht sich gut auf dem Brief- oder Rechnungskopf.

Schlägt man aber nach, besagen die aktuellen Richtlinien für FSC-Standards: *„Die Wildbestände werden so reguliert, dass die Verjüngung der Baumarten natürlicher Waldgesellschaften ohne Hilfsmittel möglich wird."* Bei PEFC liest sich das so: *„Angepasste Wildbestände sind Grundvoraussetzung für naturnahe Waldbewirtschaftung im Interesse der biologischen Vielfalt. Im Rahmen seiner Möglichkeiten wirkt der einzelne Waldbesitzer auf angepasste Wildbestände hin. (...) Wildbestände gelten dann als angepasst, wenn die Verjüngung der Haupt-*

baumarten ohne Schutzmaßnahmen möglich ist und erhebliche, frische Schälschäden an den Hauptbaumarten nicht großflächig auftreten." Würden daraufhin die Verwaltungen, Betriebsgemeinschaften und Betriebe überprüft, wage ich die Behauptung, dass verschiedene Waldbesitzer ihre Zertifizierung wieder verlieren würden. Denn besonders die Formulierung *„angepasste Wildbestände"* trifft auf viele Waldflächen schlicht nicht zu. Warum?

Die Jagdpacht-Falle

Nicht nur Grundbesitzer im kleinparzelligen Wald, sondern selbst die eine oder andere Privatforstverwaltung sowie mancherorts auch Landesforstverwaltungen tappen in eine große Falle: Jagdeinnahmen durch Pachtverträge sollen Geld in die Kassen spülen.

Erträge durch Jagdpachten erscheinen zu Beginn des Jagdjahres auf dem Konto. Sie sind damit messbar, machen sich buchhalterisch gut und belegen: Wir haben Einnahmen! Doch hier besteht ein großer Denkfehler: Haben Sie jemals die Zuwachsverluste von Pflanzungen dagegen gerechnet? Die Holzentwertung? Die Kosten für Forstschutzmaßnahmen? Die Summe aller Ertragsverluste? Wer sich einmal diese Mühe gemacht hat, kommt zu erschreckenden Zahlen.

Im Rahmen der Veranstaltung „Zu viel Wild im Wald?" der Schutzgemeinschaft Deutscher Wald im März 2010, bezifferte Konrad Ebeling, Niedersächsisches Forstamt Unterlüß, die Summe aus Wildschutzmaßnahmen (Zaunbau/Einzelschutz), Holzentwertung/Qualiätsverluste sowie Zuwachsverluste auf jährlich circa 180.000 Euro. Er sprach über ein Forstamt! Wundert es da, dass dieses Forstamt ein Verbleib in den regionalen Rotwildhegegemeinschaften zumindest überdenkt?

Doch das ist kein Einzelfall: Ammer, Vor, Knoke und Wagner addieren – trotz einer ebenso konservativen wie optimistischen Berechnung – in ihrem Werk „Der Wald-Wild-Konflikt" die Kosten für Wildschutzzäune in Deutschland mit *„jährlich mindestens 90 Millionen Euro"*. Die Ergebnisse der Bundeswaldinventur lesen sich so: *„Jährlich werden rund 11 Milliarden Bäume verbissen, nahezu jeder fünfte junge Baum (18,8 Prozent). Um Verbiss vorzubeugen, sind in Deutschland rund 300.000*

Hektar Wald eingezäunt (etwa 2,6 Prozent). Auch die Schälung von Bäumen durch Rotwild führt zu massiven ökonomischen Schäden. Derzeit steht in den deutschen Wäldern ein Holzvorrat von rund 200 Millionen Festmetern an Bäumen mit Schälschäden." Viele Rechnungen in unseren Wäldern gehen nicht mehr auf. Die immensen Summen, die zum Schutz der Pflanzen gegen das Wild ausgegeben werden, sind nur ein Teil der Ungleichung.

Noch einmal das KWF-Merkblatt Nr. 16: *„Wildschäden erreichen bereits durch das Verhindern von Naturverjüngung oder Entmischung der nachwachsenden Generation große Bedeutung. Diese Wirkungen werden im Rahmen der traditionellen Schadensschätzung nicht bewertet, sind aber natural und finanziell trotzdem sehr bedeutsam".*

In der Praxis bedeutet das durchaus einen Konflikt zwischen Waldbesitzern und Jagdpächtern, denn man kann eben nicht Pachthöchstpreise einerseits erzielen wollen, andererseits aber die Wilddichte dergestalt absenken, dass die Ziele moderner Forstwirtschaft umsetzbar werden. Dass Jäger für ihr Geld andere Konditionen verlangen werden, ist aus ihrer Sicht verständlich. Doch der Waldbesitz hat eine ökologisch und gesellschaftlich viel umfassendere Aufgabe, als nur der Jagd zum Gefallen zu sein oder dem Jäger möglichst viel Geld abzunehmen.

Zu kurzfristig gerechnet

Denn nicht immer ist der Jagdpächter, der einen deutlich höheren Preis bezahlt als ein Mitbewerber, auch der bessere Jäger – vor allen Dingen aus Sicht des Waldes. Ein den waldbaulichen Zielsetzungen aufgeschlossener Jäger mag ruhig weniger Pacht zahlen, er „rechnet sich" aber bei weitem mehr. Dies wird seitens vieler Waldbesitzer oft vergessen.

Dazu Philipp Freiherr von und zu Guttenberg in der WILD und HUND vom 7. Juli 2011: *„Der Wildschaden ist nicht zu bezahlen, wenn man ihn ehrlich abzinst. Das ist eine Frage der Toleranz. Das mit Pacht aufzuwiegen, ist eine Illusion."*

Nicht umsonst schwenkten immer mehr Bundes-, Landes- und Privatforstverwaltungen bereits um und vergeben nur noch Begehungsscheine, statt Reviere zu verpachten. Hier scheint die oben genannte Toleranz aufgebraucht zu sein. Statt sich das Heft aus der Hand nehmen zu lassen, ermöglichen Begehungsscheine den Forstverwaltungen immer noch, in den Jagdbetrieb einzugreifen. Warum haben sie sich dieses Modell wohl einfallen lassen? Weil Jäger besondere Umsicht walten lassen? Oder haben sie die angesprochene Illusion mittlerweile verloren?

Seit 40 Jahren ist nichts passiert

Warum wird der Wildschadensproblematik hier so viel Platz eingeräumt?

Gegenfrage: Was hat sich seit Horst Sterns vielbeachteten Fernsehbeitrag an Heiligabend 1971 *„Bemerkungen über den Rothirsch"* auf breiter Front getan? Stern hatte es gewagt, der Jägerschaft eine Überhege von Reh- und Rotwild anzulasten. Seine Botschaft hieß zusammengefasst: Rot- und Rehwild sind aus Mangel an Äsungsangebot und durch ungezügelte Vermehrung zum Waldzerstörer geworden. *„Hohe Schalenwildbestände gefährden die natürliche, meist gemischte Verjüngung des Waldes in weiten Teilen unserer heimischen Wirtschaftswälder"* stellen das Bundesamt für Naturschutz, der Deutschen Forstwirtschaftsrat, die Arbeitsgemeinschaft Naturgemäße Waldwirtschaft und die Hatzfeldt-Wildenburg'sche Verwaltung unisono in ihrem gemeinsamen Gutachten fest.

Zeugt es da nicht von rührender Gutgläubigkeit, wenn deren Pressemitteilung, mit *„Schalenwildproblematik gemeinsam lösen"* betitelt wird? Und mittendrin heißt es: *„Die (...) Gespräche mit der Jägerschaft müssen nun zu Ergebnissen führen, die (...) uns in der Sache tatsächlich weiter bringen."* Wie denn?

Schon kommt reflexartig die Erwiderung des DJV auf das zuvor genannte Gutachten: *„Jäger sehen sich als Vertragspartner der Grundeigentümer und nicht als Dienstleister oder Erfüllungsgehilfen für waldbauliche Prioritätensetzungen."*

Dies trifft wieder die Linie älterer Publikationen, zum Beispiel aus dem Schriftstück „Das Bundesjagdgesetz, Forderungen und Tatsachen": *„Die verfügbaren Mittel und Methoden der Wildschadensverhütung im Wald, darunter auch das Kulturgatter, sind auch künftig für die*

Forstwirtschaft unentbehrlich, zumal ein anspruchvoller Waldbau zwingend einen höheren finanziellen Aufwand erfordert." Armseliger geht Verbandspolitik nun wirklich nicht mehr! Oder anders formuliert: Was kostet Eichennaturverjüngung?

Richtig ist: Jäger sind *„Vertragspartner"*, zum Beispiel als zahlender Pächter oder Begehungsscheininhaber. Manchmal beschleicht einen aber das Gefühl, das eben jener Bezahlvorgang im Waidmann etwas auslöst, das ihm das Gefühl gibt, mit dem Jagdrecht auch alles andere erworben zu haben. Wer will sich da als gefühlter kleiner Fürst zum *„Dienstleister oder Erfüllungsgehilfen"* degradieren lassen?

Doch da irrt der DJV: *„Dienstleister"* ist der Jäger sehr wohl. Seine Dienstleistung erstreckt sich unter anderem auf *„die Erhaltung eines den landschaftlichen und landeskulturellen Verhältnisen angepassten artenreichen und gesunden Wildbestandes"* gemäß § 1 BJagdG. Diese Dienstleistung erfüllt er in erster Linie gegenüber dem Lebensraum und der Umwelt sowie (nicht minder wichtig) den uns folgenden Generationen. Noch einmal Philipp Freiherr von und zu Guttenberg in der oben genannten Quelle: *„Die Jäger haben eine gesellschaftliche Verantwortung, ob sie wollen oder nicht."*

Nur ist der zivile Jäger eben diesbezüglich gedanklich limitiert oder wie es Prof. Dr. Friedrich Reimoser in der WILD und HUND (vom 16. Juni 2011) formulierte: *„Leute, die sich ehrenamtlich engagieren und dafür auch noch zahlen, dann aber im landeskulturellen Interesse eine Regulierung durchführen müssen, sind nur bis zu einem gewissen Grade belastbar."*

Einen schönes Beispiel dieser geringen Belastbarkeit lieferte unlängst der Präsident des Landesjagdverbandes Brandenburg, Wolfgang Bethe, für den es keinen Wald-Wild-Konflikt gibt. *„Es gibt lediglich einen Konflikt der Nutzer"*, erklärte er und postulierte auf der Jahreshauptversammlung 2011 seines Landesverbandes: *„Es gibt einen Mensch-Wald-Wild-Konflikt."*

Wolfgang Bethe erklärte dann auch: *„Schäden durch Verbiss im Wald werden nicht nur durch eine zu hohe Wilddichte verursacht. Verursacher sind auch andere Auslöser.*

Stressbelastung der Wildtiere durch Freizeitdruck, schneereiche Winter (...) Die Wilddichte steht in einer langen Reihe von Ursachen erst an untergeordneter Stelle." Funktionäre müssen wohl so reden. Ich zitiere Wolfgang Bethe deshalb gerne, weil er ein Prototyp der Diskussion „Nutzer vs. Nutzer" ist. Was hat er gesagt?

Konflikt der Nutzer? Viel zu kurzsichtig!

Stessbelastung durch Freizeitdruck? Rotwild steht auf Wiesen neben der Autobahn A 7 und stört sich nicht an zehntausenden Fahrzeugen. Panzerkompanien können Rudel nicht beeindrucken. Bei uns vermögen internationale Distanzreiter-Wettbewerbe unser Wild nicht von den Schneisen zu vertreiben. Welcher Freizeitdruck schadet nun wirklich? Wenn er Nachtjagd, unter anderem auf Rotwild im Wald meint, hat er recht. Wenn er Geocaching, insbesondere während der Nacht, Motocross in Rückegassen, Stangensuchen im Februar oder Pilzsammler anspricht, sicherlich auch.

Der Wald ist ein Konstrukt aus hunderten Arten. Der Abschussplan eines Schalenwildreviers listet in der Regel keine vier auf. Foto: Philipp Jörss

Ausführungsbestimmungen zum Niedersächsischen Jagdgesetz

Zu § 25 (Abschussplan)

Weiser für überhöhte Wilddichten sind u.a.

- nicht tragbare Belastungen landwirtschaftlicher Nutzflächen durch Wildschäden,
- wirtschaftlich nicht tragbare Wildschäden im Bereich der Forstwirtschaft (Verbissbelastung der Verjüngungen und Forstkulturen sowie Schälschäden),
- fehlendes Vorkommen von Pionierbaumarten (z.B. Eberesche, Weide, Birke),
- schlechte körperliche Verfassung des Wildes und
- hohe Fallwildrate (einschließlich Fallwild durch Verkehr).

Bei der Beurteilung der Wilddichte ist der Anteil des Waldes am Lebensraum des Wildes und dessen Bedeutung für seine Ernährung in der vegetationsarmen Zeit angemessen zu berücksichtigen. (...) Sind in einem Gebiet mehrere Schalenwildarten vorhanden, die die Wildschadensgefährdung deutlich erhöhen, so ist die Wilddichte der einzelnen Wildarten auf angemessen niedrigerem Niveau zu regulieren. (...).

Schneereiche Winter? Wann gab es die im Flachland denn? 2006 und 2008 waren die Winter so schneereich, dass auch die Schwarzkittel darunter litten. Aber sonst? Wo und wann gibt es substanzielle Nahrungsengpässe in unseren Breiten?

Da findet ein Jägersmann zwei tote Rehe im Revier und schon haben wir Notzeit? Wenn die allerschwächsten verenden, darf das nicht sein? Und wenn es tatsächlich Nahrungsengpässe gäbe, was machen Jäger falsch (siehe Jagdmonat Dezember)? Wieder wird nur über Symptome geredet, nicht aber über die Ursache. Auch wenn sicherlich verschiedene Elemente die Waldwildschäden zusätzlich erhöhen, so bleibt doch zunächst die Wilddichte DER Faktor, der Schäden zu Schäden werden lässt! *Die Wilddichte steht* keineswegs *in einer langen Reihe von Ursachen erst an untergeordneter Stelle*, sondern ganz oben! Hier liegt die erste Gefahr für die Jagd in der Zukunft:

Hören wir bitte nach weiteren vier vergebenen Jahrzehnten auf, die Gemeinsamkeiten zwischen Waldbesitz und Jägern gebetsmühlenartig zu wiederholen. Fakt ist: Der zivile Jäger will jagen, der Waldbesitzer möchte (auch) Holz ernten. Der Freizeitjäger nutzt den Wald als Kulisse, für den Waldbesitzer ist die Jagd lediglich ein Element seines Umganges mit dem Eigentum.

Wer aber parallel zu Holz und Wald mit Jagdpacht reichlich Geld scheffeln will, läuft in die Jagdpachtfalle. So hat denn auch jeder Waldbesitzer den Jagdpächter, den er verdient.

(Steuer-)Gelder werden knapp

Aber Achtung: Die Schere Holz UND Jagdpacht geht bei immer höherer Belastung öffentlicher Haushalte und steigenden Holzpreisen laufend weiter auseinander! Alle Schutzmaßnahmen kosten sehr viel Geld. Dieses Geld wird vermutlich in absehbarer Zeit gestrichen, es muss gestrichen werden, handelt es sich doch dabei zumeist um Steuergelder. Holz als Geld- und Gewinnbringer tritt wieder in den Fokus der Waldbesitzer. Wildschäden und Ertragsverluste werden mindestens Förster der Bundes- und Landesforsten und zunehmend auch laufend mehr private Waldbesitzer immer weniger hinnehmen. Noch einmal Prof. Dr. Friedrich Reimoser in der gleichen, oben genannten Quelle: *„Wenn sie* (Anm. des Verfassers: die Jäger) *eine Aufgabe nicht mehr schaffen, könnte es so enden, dass ich Profis anstellen muss. Aber die zahlen dann nichts mehr, sondern die muss ich bezahlen. Das ist volkswirtschaftlich und betriebswirtschaftlich eine 180-Grad-Kehrt-Wende."*

Einige Änderungsvorschläge

Gesetzliche Vorgaben – Wild:

- Jagdzeiten nach wildbiologischen Vorgaben und Erkenntnissen ausrichten, z.B. Ende der Jagdzeit auf alles Schalenwild am 31.12. eines Jahres.
- Verlängerung der Jagdzeit auf Rehböcke bis zum 31.12.
- Temporäre, stichpunktartige Kontrolle der tatsächlichen Umsetzung beschlossener Abschusspläne, zum Beispiel beim weiblichen Rot- oder Damwild.
- Abschaffung der überflüssigen Abschusspläne beim Rehwild
- Abschussrichtlinien hinsichtlich eines gesunden Altersklassenaufbaus ja, jedwede Trophäenästhetik oder „Güteklasse": Nein!
- Generelles Fütterungsverbot außer in angeordneten Notzeiten.

Gesetzliche Vorgaben – Wald:

- Bundeseinheitliches Bewertungsschema schaffen, das Waldwildschäden transparent messbar macht und auch für Jagdausübungsberechtigte nachvollziehbar ist.
- Fördermittel abschaffen, die indirekt überhöhte Wilddichten als „Fördergrund" haben, zum Beispiel die Bezuschussung von Zäunungskosten.

Aus diesen Punkten resultiert: Die Frage der Wildschäden wird in Zukunft zur Achillesferse der Jagd! Nur wenn es gelingt, den Waldumbau voranzutreiben, hat auch die Jagd dauerhaft eine Chance. Denn Jagd ist lediglich eine Facette eines großen Systems, auch wenn Jagdpresse und -verbände gerne anderes behaupten. Eben dieses „große System" wird seitens der Jäger fast nie begriffen, worin die zweite große Gefahr für die Jagd in der Zukunft besteht. Denn die aktuellen Diskussionen sind vom Grundsatz her falsch geführt, der Ringkampf diverser Nutzergruppen zielt leider viel zu kurz! Warum reden Menschen mit Menschen leider immer nur über Menschen?

Schalenwild vs Artenvielfalt

Wenn wir einmal den Nutzer-Nutzer- und somit den *„Mensch-Wald-Wild-Konflikt"* außer acht lassen, kristallisiert sich ein ganz anderer Konflikt heraus: Der Schalenwild versus Artenvielfalt-Konflikt!

Ein Wald ist die Summe hunderter Arten. Im Fokus vieler Jäger stehen aber oft nur Rot-, Dam-, Reh- und Schwarzwild. Wo Muffel-, Sika- und Gamswild vorkommen, werden auch sie gerne umsorgt. Diese Arten leben/äsen oft auf gleicher Fläche. Dank hegerischen Bemühens übervorteilen aber diese wenigen Arten ein komplettes Ökosystem, indem nur sie im Mittelpunkt stehen und/oder das System in seiner Gesamtheit, zum Beispiel durch die angesprochene Entmischung, schädigen.

Die Diskussion *„Das Schalenwild-Wald-Problem ist ein Konflikt zwischen Nutzern"* greift also völlig zu kurz. Dr. Jürgen Goretzki, Eberswalde, in Unsere Jagd, 6/2011: *„Der Wald-Wild-Konflikt ist eine überwiegend monetär ausgerichtete Erfindung des Menschen, mit der auch gleichzeitig die Multifunktionalität des Ökosystems und des Kulturgutes Wald bagetellisiert wird."*

Es gibt ein Biodiversitätsproblem, wenn zu viel Schalenwild den Wald dominiert! Dabei obsiegen leider die negativen Effekte, auch wenn sich Andreas Kinser, Deutsche Wildtierstiftung, im Internet unter rotwild.org bemüht, auch die Vorteile des Schalenwildes im Wald herauszustreichen: *„Über Verbiss und Schäle hinausgehende Effekte wie Samentransport in Fell, Hufen und Kot* *oder die Bedeutung von Abfallprodukten wie Haare, Geweihe oder Kadaver haben bis heute in der Diskussion um naturnahe Forstwirtschaft oder den Erhalt unseres Naturerbes keinerlei Relevanz."* Auch wenn Schalenwild die ein oder andere Lichtung freihält oder Kot von A nach B trägt, bleiben die negativen Effekte im Sinne des Ökosystems leider bei weitem dominant. Das Biodiversitätsproblem, welches überhöhte Schalenwilddichten hervorrufen, ist mit keinem Gegenargument wegzudiskutieren!

Apropos Ökosystem: Alle Diskussionen, ob es nun „Wald vor Wild" oder „Wild vor Wald" lauten muss, sind, hat man das Ökosystem im Blick, daher völlig obsolet. Es ist immer „Wild und Wald", gerne auch „Wald und Wild", das muss es sein, denn auch die Schalenwildarten sind Bestandteil „des *Ökosystems und des Kulturgutes Wald"* und machen ihren Teil der Biodiversität aus! Schenken wir uns bitte zukünftig diesen Formulierungsstreit.

Vergessen wir zudem bitte eines nie: Schalenwild selber ist per se an Schäden nicht „schuld". Es frisst, weil es muss. Wo massive Schäden

Die Jagd im strukturreichen Mischwald, der Raum für verschiedene Schalenwildarten bietet. Ausschnitt aus einem Gemälde von Rudolf Freiherr von Ulmenstein für das „Naturum Göhrde".

auftraten oder noch auftreten, haben diese Schäden so genannte „Heger" und jene Waldbesitzer, die Überhege zuließen, gemeinsam verursacht ...

Der Jagdmonat Februar

Erster Februar, Saisonende. Unser letzter Ansitz gestern war ein Ausklang ohne große Ambitionen, etwas zu erlegen. Wir saßen bei einem Freund in dessen Revier noch in den Abendstunden an.

Das große Aufräumen setzt ein, Sachen werden sortiert, ein Jagd-Wäschestapel wächst. „Deine Hose steht ja vor Schweiß", ist da einer der gängigen Kommentare. Selbst die Schweißleine und das -geschirr bedürfen einer Wäsche. Wir sitzen zusammen, der Kamin brennt, nebenbei läuft die Putz- und Flickstunde. Meine Büchse sieht das erste Mal einen Putzlappen und Öl, das Auto wurde vorhin gedampfstrahlt, Riemen werden genäht, Ausrüstung eingemottet.

Für uns ist der erste Tag an unserem individuell gefühlten Jagdende der Saison immer ein Tag des Zusammensitzens. Jetzt ist Zeit für einen Rückblick. Die Jagdstatistik wird hervorgeholt, eine Flasche Wein geöffnet und darüber gesprochen, was alles gut geklappt hat – und was nicht?

Ein Parameter ist sicherlich die Erfüllung der Abschusszahlen, die wir uns vorgenommen haben. Bei Rot-, Dam- und Schwarzwild sind wir erfreut bis zufrieden, beim Rehwild liegt zu wenig auf der Strecke.

Zweiter Gesichtspunkt ist die Verteilung der Abschüsse im Jahresverlauf. Dazu haben wir einmal mehrere Jahre übereinandergelegt und addiert. Die Skizze oben rechts beschreibt die Verteilung der ersten fünf Jahre. Hier sind zwei Dinge gut zu erkennen: Es gab eine Zeit, in der der Juni die Freigaben für Rot- und Damwild enthielt, wie sie jetzt im Mai gelten. Die Schmalspießer und -tiere beider Arten sind nun im Mai offen, die alte Junibejagung ist in der Kurve noch gut ablesbar.

Ein weiterer Punkt wird ersichtlich: Die viel zu hohe Bejagungsintensität im Januar! Diese Tatsache ist dem Umstand geschuldet, dass wir es sel-

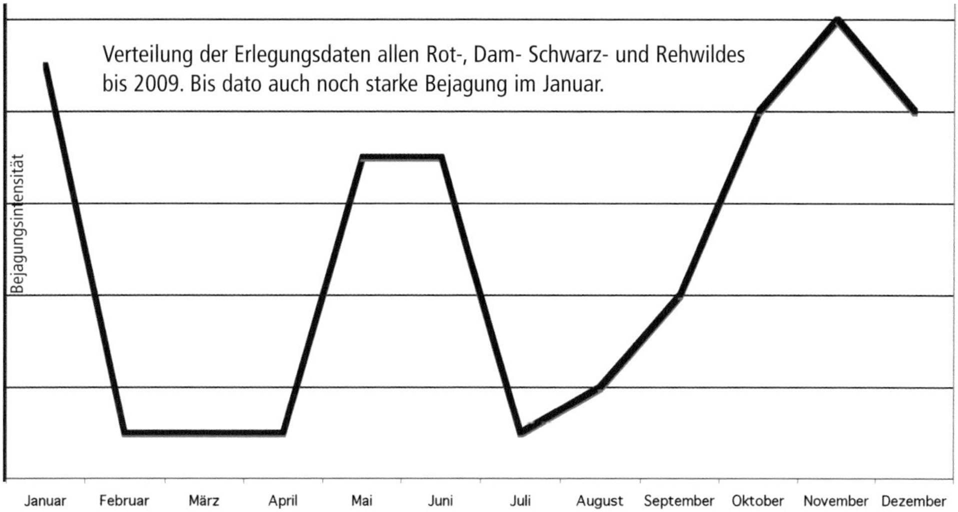

ber waren, die früher, immer am 31. Januar eines Jahres, noch einmal unsere Jagdfreunde zusammengerufen haben, um den letzten großen Schalenwildtag gemeinsam zu begehen. Wir trafen uns dann nachmittags und saßen zusammen in die Dämmerung hinein. Anschließend, so wurde es schnell Tradition, gab es Bier, Wein und Essen satt, und oft saßen wir bis weit nach Mitternacht zusammen und erzählten.

Unsere fehlerhafte Planung

Es waren fantastische Stunden unter Freunden – nur mit einer völlig falschen Aktion vorweg. Allein die Gesellschaftsjagd in den Abend hinein potentierte das Problem, auf etwaige schwierige Nachsuchen nur am Folgetag reagieren zu können. Zudem stellte dieser Termin nun wirklich alles in Abrede, was wir uns zukünftig als Beschränkung unserer Jagd selber auferlegen wollen: Jagdruhe nach dem 31. Dezember!

Was tun? Das Zusammensein mit den Freunden möchten wir nicht missen – daher haben wir die ganze Veranstaltung in den Oktober verlegt und so beides erreicht: Eine Drückjagd kann jährlich im Revier stattfinden und die uns lieb gewonnenen Gäste sind dabei. Jedwede

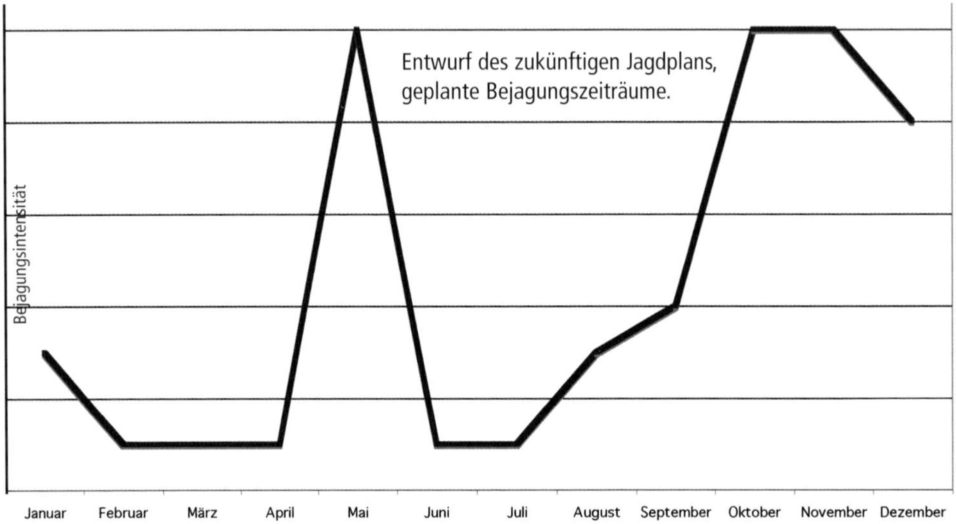

Gesellschaftsjagd, womöglich mit Beunruhigung, wird künftig ab Weihnachten unterbleiben, eine Aussage, die sehr schön zur Grafik oben überleitet.

Der Mai und der Herbst

Zukünftig möchten wir noch intensiver auf den Jagdmonat Mai setzen. Die Begründung wurde im Beitrag „Der Jagdmonat Mai" ausführlich beschrieben. Ein weiterer Schwerpunkt soll der Zeitraum von Ende Oktober bis Ende Dezember sein. Im Februar, März, April, Juni und Juli findet keine Jagd statt. Die Monate Januar, August und September sehen nur noch einige wenige Einzelansitze. Vier Monate intensiv jagen, drei Monate minimale Jagd und fünf Monate totale Ruhe wären die Folge.

Es ist ein Konstrukt, das viele Chancen birgt, flexibel zu reagieren. Es wird eine Notzeit ausgerufen oder Schneebruch und Eisregen verbieten uns, auch ohne Notzeit zu jagen? Kein Problem, das Gros der Stücke liegt schon, wir brauchen nun den Januar nicht mehr! Es ist ein erster Entwurf, eine vage Idee, wie wir die Jagd zukünftig strukturieren könnten. Auch dieser Plan ist selbstverständlich im Wandel begriffen. Schaffen wir es idealerweise, auch den Januar ganz zu beruhigen? Die Zukunft wird es zeigen, ob sich unser neues Jagdmuster tatsächlich bewähren wird.

Hier sieht man, dass ein überfahrener Damspießer im Januar sehr gelegen kommt. Ich bitte die Bildqualität zu entschuldigen, aber ich musste mich, um die Bussarde nicht immer von unserer Hauswiese zu vertreiben, mehrere Meter hinter das Küchenfenster stellen, um von dort zu fotografieren. Wie viele Fenster in unserem uralten Haus ist auch dieses noch aus gezogenem Glas – da kann dann die eingesetzte Optik dahinter noch so gut sein ...

Die Notzeit wurde im Februar 2010 ausgerufen, davor zuletzt im Jahr 1963.

Mythos, Ärgernis und Zuchtobjekt

Februar, März, April – Zeit der Trophäenschauen. Die seit einiger Zeit auch Lehr- oder Hegeschauen genannten Versammlungen starten schon diesen Monat. Es wird gezählt, vermessen, gewogen, gerichtet und in falsch und richtig eingeteilt. Gelegentlich wird auch geschummelt ...

Cord traute seinen Augen nicht. Mit fortschreitender Dämmerung und lichter werdendem Nebel gab die Heidefläche vor ihm immer mehr Details preis. Nun konnte er schon den Hirsch, der bei seinem Rudel stand, vom Kahlwild unterscheiden. Morgenröte, Nebelschwaden und dann dieser grandiose Anblick – wahrlich ein Jägertraum, völlig überwältigend!

Cord ist seit fast dreißig Jahren passionierter Jäger. Zahlreiche Hasen, Fasanen, Enten und Füchse hat er in seinem Niederwildrevier auf einer deutschen Insel schon erlegt. Dazu kamen einige wenige Rehe, wenn er einmal auf dem Festland eingeladen war. Nun wollte er sich einen großen Wunsch erfüllen: sein allerersten Stück Hochwild strecken.

Beim 25-jährigen Abiturtreffen kamen er und sein Schulfreund Heinrich nach Jahren wieder zusammen. Schnell war das Thema Jagd auf dem Tisch und die Einladung von Heinrich auf einen IIIb- oder IIb-Hirsch ausgesprochen. Die Einladung war ein Wink des Schicksals!

Wochenlang sprach Cord daheim von dieser Geste, er war schon beim Losfahren nervös.

Sinnbild der Stärke, Ausdruck der Macht, Inbegriff eines jagdlichen Traumes: Der Rothirsch. Foto: Hans-Werner Griepentrog

Sein erstes Stück Hochwild, dann dazu ein Hirsch ... Der Anblick des Rudels im Morgengrauen überwältigte ihn völlig. Derweil war Heinrich Cords Zittern nicht entgangen, er lächelte und freute sich für seinen Freund.

Mythos

Das Rotwild fasziniert seit Jahrhunderten nicht nur Jäger. Die Trophäe, das Geweih, ist sinnbildlich in zahllose Abbildungen, Sinnsprüche, Symboliken und in den Sprachgebrauch eingeflossen. Bis heute ist diese Faszination ungebrochen. Der Mythos Rothirsch dokumentiert sich unter anderem in Kunst und Kultur, Sagenwelt, Brauchtum, (Aber-) Glaube – und unübersehbar in jedem Wohnhaus eines Rotwildjägers.

Dieser Mythos kulminiert in der Trophäe. Einst Imponierorgan und Waffe des männlichen Tieres, wurde sie aus Sicht des Menschen zum Symbol für vieles: Stärke, Erhabenheit, Macht. Je größer die Trophäe, umso mehr dieser Eigenschaften schienen auf den Erleger überzugehen. „Er war ein großer Jäger", hieß es gelegentlich in unseren Jägerrunden. Warum? Er hat starke Hirsche geschossen! Wer einige kapitale Hirschtrophäen aufwies, war wer. Maßstab des Erfolges eines Nimrods war dessen Trophäenwand.

Zuchtobjekt

Wenn sich schon der Fokus – wie in einem Brennglas – nahezu ausschließlich auf die Trophäen richtete, war es nicht verwunderlich, dass alles daran gesetzt wurde, diese Haupteszier zu vergrößern. Leider, so muss wohl aus heutiger Sicht des Rotwildes gesagt werden, sprechen die Trophäen auf „geeignete Maßnahmen" auch gut an: Fütterung wurde zum entscheidenden Faktor bei der Gewinnung immer größerer, stärkerer Geweihe.

Mit dieser Erkenntnis wurde eine einfache Gleichung aufgemacht: Fütterung = größere Trophäe = größerer Jäger. Der Rübenberg im Wald, der Kartoffelhaufen, Sesamkuchen und Co. zogen in die Reviere ein (s. Jagdmonat Dezember). Überhöhte Wilddichten, Wildschäden – alles nebensächlich, dem kapitalen Geweih galt's. Rotwild geriet paradoxerweise oft ausgerechnet durch jene Klientel in Verruf, die sich selbst als Sachwalter, Beschützer und Heger bezeichnete: Der zutiefst waid-, hirsch- und gerne selbstgerechte Jäger.

Heinrich hat schon lange das Fernglas vor den Augen. *„Cord, das ist ein einseitiger Kronenhirsch, der passt bei seinem Alter. Mach' dich fertig. Wenn er breit steht, sofort schießen"*. Mit dem sofortigen Schießen war das bei Cord zunächst ein Problem. Erst mühsam bekam er sich in den Griff, stach ein und schoss. Der Hirsch steilte kurz auf, machte einige ungelenke Fluchten und brach dann zusammen. Heinrich blickte auf den Erleger, ergriff dessen Waffe und entlud sie – Cord war dazu gegenwärtig nicht in der Lage. Beide blickten durch ihre Ferngläser und sahen nur die eine Stange noch aus dem Heidekraut ragen.

Cord war völlig aufgelöst, dankbar nahm er seinen alten Schulfreund und jagdlichen Gönner in den Arm. *„Geh du nur schon zu deinem Hirsch"*, sagte Heinrich verständnisvoll, *„ich hole den Wagen und den Anhänger und fahre dann zum Stück"*. Cord nickte stumm und ging mit weichen Knien dem Hirsch entgegen.

Den Abschuss der Hirsche regeln große Hegegemeinschaften, um die weiträumig lebende Art Rotwild gemeinsam zu bewirtschaften. Sie legen die Richtlinien fest, die die Geweihten in so genannte Alters- und Güteklassen einteilen beziehungsweise die Anzahl der zu streckenden Tiere beiderlei Geschlechts insgesamt bestimmten.

Während die Altersklassen landauf und landab nahezu deckungsgleich sind, schwanken die Güteklassen allein innerhalb eines Bundeslandes. Was in der kargen zentralen Heide noch als gut – oder besser a-Hirsch – bewertet wird, kann unter Umständen in einer anderen Population und einer anderen Hegegemeinschaft nur 100 Kilometer weiter, schon als durchschnittlich oder gar unterdurchschnittlich gewertet werden. Der identische Vertreter von Cervus elaphus wäre also hüben „falsch" und drüben „richtig".

Als Heinrich zurückkam, saß Cord neben seinem Hirsch im Heidekraut und betastete die Decke und die Stangen seines Recken.

Ich kann als Segler eine Regatta verlieren, als Golfer ein Turnier, als Fußballer eine Partie. Dies ist nicht schlimm, Revanche ist möglich, nichts final. Ein Hirsch kann aber immer nur einmal geschossen werden, ein zweites Mal gibt es nicht.
Foto: Michael Dalmann.

Heinrich stieg aus und trat dazu. Was er dann sah, ließ ihn zusammenfahren. Trotz längerer Betrachtung vor dem Schuss hatte er den Hirsch falsch angesprochen: Es war ein beidseitiger Kronenhirsch! Während die eine Krone weit ausgeprägt war und in drei landen Enden mündete, stellte die andere sich zunächst wie ein Stiefelknecht dar. Doch nahezu exakt dazwischen entsprang ein drittes Ende, sechs Zentimeter, wie späteres Nachmessen ergab. Cord erhob sich und schaute seinen Jagdführer erwartungsfroh an. Doch statt Bruch und Waidmannsheil, stand ihm Heinrich bleich und mit hängenden Schultern gegenüber. *„Cord, der Hirsch ist falsch.“*

Ärgernis

Hochwild-Hegegemeinschaften erwiesen sich in der Vergangenheit, trotz wohlmeinder Zielsetzungen, oft als zahnlose Tiger. Sperrungen für mehrere Jahre bei Erlegung eines falschen Hirsches, Bloßstellung von Erlegern „falscher" Hirsche im Rahmen von Trophäenschauen und Geldbußen führten oft dazu, dass Revierinhaber statt Reputationsverlust und Restriktionen entweder vermeintlich falsche Hirsche nicht meldeten, bezeihungsweise sich auch bei „richtigen" Hirschen maulfaul verhielten, wenn, nennen wir es einmal versehentlich, ein Hirsch zu viel oder einer in der Sperrzeit fiel.

Schüsse bei allen Mondständen, das Fehlen von hinreichend alten Hirschen – dies sind nur zwei Beispiele für Begleiterscheinungen in nahezu jeder Hochwildgemeinschaft, die doch das „Wir-gemeinsam-für-das-Rotwild" in den Mittelpunkt stellen wollte. Das persönliche, jagdliche Interesse der Revierinhaber bezieht sich häufig eben nur auf das eigene Revier und verhindert so schon im Ansatz die Idee flächiger Bewirtschaftung. Apropos übergreifend: Es gibt viel zu wenig revierübergreifende Aktivitäten, zumeist nur Neid und Missgunst. Warum? Ich kann als Segler eine Regatta verlieren, als Golfer ein Turnier, als Fußballer ein Spiel. Revanche ist möglich, nichts final. Einen Hirsch kann aber immer nur einer schießen, ein zweites Mal gibt es nicht.

Vergraben, verschweigen, verleugnen – was ging Heinrich nicht alles durch den Kopf. Beim Bergen und Aufbrechen schwieg er. Cord war mittlerweile völlig verstört über das Benehmen seines sonst so eloquenten Freundes und rief derweil zuhause an. Ja, er hat den Hirsch bekommen, nein, es gibt keine Feier, das Tier wäre wohl irgendwie falsch oder so, *„ich melde mich aber später noch einmal"*.

Heinrich brauchte noch eine Weile, bis er beschloss, den Hirsch zu melden. Der Hochwildringleiter wurde angerufen und sagte sein Erscheinen für den Mittag zu. Als Heinrich auflegte, murmelte er etwas, was sich für Cord wie Sperrung, Blamage und Geldbuße anhörte. Das Frühstück verlief schweigend und Cord nutzte den restlichen Vormittag, mit flauem Gefühl sein Fahrzeug wieder zu packen. Den Spaziergang mit seinem Hund absolvierte er allein, dann kam auch sein Vierbeiner wieder ins bereits gepackte Auto zurück.

Was erlaubt uns eigentlich, an einer frei lebenden Wildart dergestalt züchterisch tätig zu sein? Wer hat uns legitimiert, über das Aussehen und die Qualität des Rotwildes entscheiden zu dürfen? Jede Existenz ästhetischer Vorgaben ist Ausfluss züchterischen Interesses und eines Strebens nach dickeren, längeren und schwereren Geweihen.

Das sind eben nur ästhetische Merkmale und Parameter, die sich Menschen erdacht haben, keine wildbiologischen Aspekte. Anders gefragt: Was, verehrte Nimrode, interessierte es den lieben Gott oder Mutter Natur, wie viel Enden ein Hirsch hat? Im mildesten Fall würden beide mit den Schultern zucken ...

Nur wir schwingen uns auf, Hand an die Evolution zu legen. Was in Jahrtausenden gewachsen ist, definiert der Mensch um – das nennt sich Güteklasse. Dort wird festgelegt, wie der Geweihte in welchem Alter auszusehen hat. Aber auch diese Abschusskriterien wiederum unterliegen gelegentlich einem Wandel, so dass beispielsweise ein Hirsch, ehedem ab dem 4. Kopf erst als „falsch" bewertet, von einem Jahr auf das andere plötzlich generell frei ist.

Diese Überlegungen ziehen weitere Fragen nach sich. Warum nicht die innerartliche genetische Vielfalt begünstigen, warum nicht Vielgestaltigkeit nebeneinander akzeptieren, statt den Zwang zur beidseitigen Krone besingen?

Altersklassenaufbau wichtig, Trophäen nicht

Mehr noch: Überall wird uns bedeutet, dass Rotwild unter genetischer Verarmung leide. Was tun wir dagegen? Nichts, denn wir leisten exakt dieser genetischen Verarmung weiter Vorschub, wenn wir uns einbilden, geschmäcklerisch Plus- und Minusvarianten zu erfinden und Letztgenannte wegzuhegen.

Abgesehen von der rein wildbiologisch-wissenschaftlichen Betrachtung, bliebe für den, der mag, noch ein religiöser Aspekt: „Das ist des Jägers Ehrenschild, dass er beschützt und hegt sein Wild, weidmännisch jagt, wie sich's gehört, den Schöpfer im Geschöpfe ehrt." Aber wie ehren wir den Herrgott, wenn wir an einer freilebenden Wildart herumzüchten und Gottes Schöpfung frei nach unserem Geschmack umdefinieren? Wir reden

Auszug aus den Ausführungsbestimmungen zum Niedersächsischen Jagdgesetz

25.1.1.2 Altersklassen, Geschlechterverhältnis

Für einen gesunden Schalenwildbestand ist die Altersstruktur entscheidend. Die obere Altersklasse ist in natürlichen Wildpopulationen zahlenmäßig am geringsten vertreten, jedoch für den Bestand von großer Bedeutung für Entwicklung und Verhalten. Die Mittelklasse weist die geringsten natürlichen Abgänge auf, da sich in dieser u.a. die für die Erhaltung der Art maßgeblichen sozial reifen Stücke befinden. Die natürlichen Abgänge sind in der Jugendklasse am höchsten.

25.1.1.3 Bejagbarer Bestand

Die Aufstellung eines Abschussplanes setzt einen bejagbaren Bestand voraus. Wegen der Raumnutzung der großen Schalenwildarten ist dieser in der Regel nicht revierbezogen zu ermitteln. Abschussfreigaben können auch in solchen Revieren möglich und sinnvoll sein, in denen aufgrund des Raumverhaltens des Wildes zum Stichtag 1. April des Jahres kein Bestand angegeben werden kann.

25.1.2 Abschussplanung, Bejagung

Zur Abschussplanung und Bejagung werden für die einzelnen Schalenwildarten in jeder Altersklasse Abschussanteile in Prozentsätzen festgelegt. Die Abschussplanung soll für nicht zu große und in sich ähnliche Lebensräume zwischen benachbarten Revieren durch die Jagdbehörden und Hegegemeinschaften abgestimmt werden.

Empfehlungen für die Abschussplanung, (Geschlechterverhältnis/Altersstruktur)

Wildart	Geschlecht	Zuwachs in v.H. der weiblichen Stücke	Abschussplanung					
			Jugendklasse		Mittlere Altersklasse		Obere Altersklasse	
Rotwild	männlich	70	Hirschkälber bis 3-jährige Hirsche	75 v. H.	4 bis 10-jährig	10 v. H.	ab 11 Jahre	15 v. H.
	weiblich		Kälber/Schmaltiere	65 v. H.	ab 2 Jahre			35 v. H.
Damwild	männlich	70 bis 80	Hirschkälber bis 2-jährige Hirsche	75 v. H.	3 bis 7-jährig	10 v. H.	ab 8 Jahre	15 v. H.
	weiblich		Kälber/Schmaltiere	65 v. H.	ab 2 Jahre			35 v. H.
Muffelwild	männlich	70 bis 90	Widderlämmer bis 1-jährige Widder	70 v. H.	2 bis 5-jährig	10 v. H.	ab 6 Jahre	20 v. H.
	weiblich		Lämmer/Schmalschafe	65 v. H.	ab 2 Jahre			35 v. H.
Rehwild	männlich	100 bis 120	Kitze/Jährlinge	60 v. H.	ab 2 Jahre			40 v. H.
	weiblich		Kitze/Schmalrehe	60 v. H.	ab 2 Jahre			40 v. H.

Hegegemeinschaften **können** sich Abschussrichtlinien unter Berücksichtigung besonderer örtlicher Verhältnisse geben. **Die Abschussplanerfüllung darf dadurch nicht erschwert werden.**

hier nicht von der Bewirtschaftung eines Gerstenschlages, sondern von herrenlosen Tieren, von freier Wildbahn. Hirsche gehören uns nicht, wir haben keinerlei (Rechts-)Anspruch auf einen Hirsch. Obwohl dieser Grundsatz – alles Wild ist herrenlos – allen Jagdscheininhabern bewusst sein sollte, verhalten wir uns im Fall der Hirsche genau gegenteilig.

Wer steht denn vor seinem Hirsch und dankt dem Herrn für diese Gabe? Wer lässt den Brunfthirsch laufen, um nicht Gottes Gabe zum Höhepunkt der Genuss-Untauglichkeit zu schießen? Wir kränzen den, der den dicken, stinkenden Hirsch schießt, wenn er ja nur „richtig" ist. Wir verurteilen aber manches Mal selbst den, der vor der Brunft einen Hirsch schießt. Egal, ob richtig oder falsch, spielt zu diesem Zeitpunkt kaum eine Rolle, denn der Hirsch hätte sich ja noch mal vererben können. Der Wald steht schwarz und schweiget …

Cords Geschichte ist schnell zu Ende erzählt: Die Leitung der Hochwild-Hegegemeinschaft musste qua Diktat der Güteklassen den Hirsch natürlich als völlig falsch (IIa) einstufen. Die zum Teil selber stark zurückgesetzte Trophäenbewertungskommission, die in aller Ruhe im überheizten Festsaal eines Landgasthauses den Hirsch betrachten konnte, verstand nicht, wie man dieses Ende hätte übersehen können. Reviernachbarn, sonst zu keinem Gespräch oder gar einer Wildfolgevereinbahrung bereit, äußerten die üblichen Floskeln (*„DEN kenne ich auch", „WIR hätten den noch schonen wollen"*). Keinem war natürlich bis dato ein derartiges Missgeschick passiert. Heinrich wurde erwartungsgemäß „verurteilt", Cord bekam huldvoll seine Trophäe mit (*„Wollen Sie sich SOWAS etwa hinhängen?")* – allerdings, Cord wollte!

Freigabe nach Alters-, nicht nach Güteklassen

Fazit: Mehr als nur einmal wurde dargelegt, dass ein gesunder Altersklassenaufbau für Rotwild unverzichtbar ist. Das Gesetz spricht nur von artenreich, nicht von endenreich. Die Ausführungsbestimmungen gewichten Abschüsse in den Altersklassen, dabei nur den Alters-

Güteklassen abschaffen

Der gesellschaftliche Aspekt:
Haben wir eine Berechtigung, unseren Kinder und Enkelkindern vorzuschreiben, wie sie Rotwild erleben dürfen? Können wir den Bürgerinnen und Bürgern seriös klarmachen, dass ein ewiger Achter wirklich der Wildbahn entnommen werden muss?

Der genetische Aspekt:
In Zeiten zunehmender Verinselung des Rotwildes, „Rotwildfreien Gebieten" und der Wildbrücken-Diskussion ist jedwede weitere Einschränkung des Genpools kontraproduktiv für das Rotwild.

Der wildbiologische Aspekt:
Seit Jahrtausenden schafft es Rotwild ohne Hegeauflagen zu überleben. Zehnjährige Eissprossenzehner durften dabei ebenso zum Beschlag kommen, wie achtjährige Kronenzwölfer. Wenn sich nur Hirsche ab 10+ hätten fortpflanzen dürfen, wäre die Art ausgestorben.

Der züchterische Aspekt:
Kennen Sie einen Pferde-, Rinder- oder Hundezüchter, dem es einerlei ist, was die Stute, die Kuh oder die Hündin für Anlagen in sich trägt? Was wissen wir über die Anlagen eines Rottiers? Hat sie Prüfungen abgelegt? Ist sie gekört? Der Waidmann, der eben noch von Zuchtbüchern im deutschen Jagdhundewesen schwärmte und „Schwarzzuchten" vehement verurteilte, ist im nächsten Satz der Meinung, dass er eine Auslese beim Rotwild ohne Kenntnisse der Anlagen seiner Rottiere umsetzen kann.

Der rechtliche Aspekt:
Das Bundesjagdgesetz definiert im § 1 die Hege. Ausführungsbestimmungen der Landesjagdgesetze definieren Empfehlungen für die Abschussplanung hinsichtlich der Geschlechterverhältnisse und der Altersstruktur. Von Güteklassen steht nirgendwo irgendetwas!

Der religiöse Aspekt:
Ich maße mir nicht an, das Rotwild, welches unter Gottes freiem Himmel seine Fährte zieht, nach meinen Gelüsten schön zu schießen. Ich respektiere die Schöpfung in ihrer Vielfalt – auch und gerade bei Trophäenträgern. Stattdessen nehme ich Wildbret dankbar als wertvolle Gabe an.

Was trägt sie genetisch in sich? Vererbt sie Kronen?

klassenaufbau dabei im Blick habend. Weder Bundes- noch Landesgesetze verlangen explizit Güteklassen! Lassen wir sie dann doch bitte weg.

Unterstützen wir doch den Gedanken und geben Kontingente entsprechend frei. Dann aber bitte so, dass ein mittelalter Hirsch schlicht ein Vertreter der Altersklasse II ist – ohne Definition seiner Trophäe!

Was soll denn an einem 8-jährigen 12-Ender „falsch" sein? Wer ihn schießen möchte, kann dies tun, gezwungen wird doch niemand. Trennen wir uns in einer Zeit, wo Rotwild vom Kultobjekt oder braunen Rindenfresser zur Leitwild- oder „Indikator-Art" geworden ist, von diesen Zuchtauflagen.

Es sei noch einmal betont: Es gibt keine „falschen" Hirsche! Weder Wildbiologen noch der Spaziergänger und schon gar nicht der liebe Gott oder Mutter Natur (Reihenfolge frei gewählt) würden einen derartigen Begriff zulassen.

Cord und seine Insulaner begossen eine Woche nach der denkwürdigen, besser unwürdigen, Trophäenschau auf der Insel den Hirsch. Heinrich war Ehrengast, aber beschämt, in großer Runde einen falschen Hirsches feiern zu müssen.

Erst Cords Plädoyer ließ auch ihn wieder lächeln: *„Heinrich, du glaubst doch nicht, dass ich mir die Freude an diesem Hirsch nehmen lasse. Wir haben uns wieder getroffen, gemeinsam gejagt und diesen Morgen zusammen erlebt – das zählt mir mehr als jedes komische Ende einer Trophäe!"*

Anm. des Verfassers: Die Namen der Beteiligten und ihre Hintergründe wurden nicht ohne Grund geändert. Die Begebenheit ist allerdings schon vielfach so geschehen. Und sie ereignet sich Jahr für Jahr wieder.

Dieser Hirsch kam auf hochspannende Art und Weise zur Strecke. Danach erkundigte sich niemand. Die erste Frage betraf – wen wundert es – stattdessen das Alter des Hirsches. Dass der nicht mehr brunftige Recke am einem 7. November bei bestem Licht um 15.00 Uhr erlegt wurde, ging ebenso in der Altersdiskussion unter.

Der Jagdmonat März

Begrüßung, Ehrung verstorbener Mitglieder, Streckenbericht („30 Prozent Fehlabschüsse in der mittleren Altersklasse der Rothirsche"), Besprechung der Freigabe, Kassenprüfung, Entlastung, Ehrung verdienter Mitglieder, Verschiedenes, (dort gerne Beschimpfung der Förster und anderer angeblicher Vielschießer), Schluss. Wieder ist eine Hochwildringversammlung zu Ende gegangen. Ein Punkt bleibt mir wie jedes Jahr im Kopf haften: Die Besprechung der „Freigabe für das kommende Jagdjahr zur Vorlage beim Landkreis".

Ende März, Anfang April wirft irgendwo der erste Spießer sein kleines Geweih ab. Wir werden ihn mit kurzen Stümpfen in der Phase des Schiebens im Mai wiedertreffen. Andere werden im April, weitere erst im Mai mit dem Abwerfen folgen. Wiederum weitere schieben just die ersten Spieße. So denn Spießer erlegt werden, finden wir welche mit 40 bis 45 kg, andere mit 60 bis 65 kg in der Streckenstatistik. Könnten nicht erstere vergangenes Jahr Kälber, letztere bereits Spießer gewesen sein – und somit ein Jahr älter? In der Statistik subsummieren wir sie als Schmalspießer und tragen somit einige von ihnen falsch ein. Denn wir erlegen unter Umständen Hirsche im zweiten UND im dritten Lebensjahr. Aus den letztgenannten wäre vielleicht ein Achter geworden.

An diesen ersten von vielen Fehlern muss ich denken, wenn mir die Abschussplanung durch den Kopf geht. Wie kann es sein, dass wir Wilddichten beim Rotwild auf Stücke je 100 Hektar berechnen? Wir wissen doch, wie großräumig sie leben können. Einerseits gründen wir Hochwildringe über mehrere 10.000 Hektar, andererseits reduzieren wir die Wildart, um deren großflächige Betreuung wir uns doch bemühen wollen, auf eine Berechnungsgröße von lächerlichen 100 Hektar?

Das Geschlechterverhältnis von 1:1 ist anzustreben – warum denn? Setzt Rotwild immer 1:1? Wäre es für ein Rottier nicht sinnvoller, mehr Hirschkälber zu setzen, um die eige-

In ihrer Winterdecke sehen sie ja noch reichlich zerrupft aus. Dafür schiebt der Hirsch schon munter.

nen Gene im Genpool der Population weiter zu streuen? Werden umgekehrt mehr weibliche Tiere geboren, wenn eine Rotwildpopulation abgesenkt wird, weil diese umgehend versucht, vermehrt zu reproduzieren? Was wissen wir eigentlich konkret über die Zahlen unseres Rotwildes?

Eine Rechnung voller unbekannter Variablen

Schon bei der Gründung des Hochwildringes wurden entscheidende, massive Fehler gemacht – weil es auch gar nicht anders ging! Der Hochwildring XYZ legte bei seiner Gründung und dem damit verbundenden Beginn der gemeinsamen Bewirtschaftung des Rotwildes beispielsweise 600 Tiere als Ausgangspopulation zu Grunde. Diese Kernzahl, auf der von nun an seit Jahrzehnten viele Berechnungen basier(t)en, musste falsch sein, ohne damit den Gründern einen Vorwurf machen zu wollen. Denn diese Zahl war naturgemäß eine grobe Schätzung, anders ging es gar nicht. Was wäre, wenn es 500 gewesen sind, was, wenn 800 dort lebten? Noch wichtiger ist die Frage: Wie viele leben heute dort? Zudem ist meines Erachtens der in der Abschuss-Richtlinie angenommene „Zuwachs von Hundert der weiblichen Stücke“ mit 70 % zu niedrig angesetzt.

Die ganze Rechnung, die wir Jahr für Jahr aufstellen, basiert auf völlig falschen Zahlen, was den Begriff „Bewirtschaftung“ bei der Gelegenheit ad absurdum führt. Die einen schießen, so erfährt man hinter vorgehaltener Hand, überhaupt kein Kahlwild. Sie produzieren „Postkarten-Tiere", die nur auf dem Papier geschossen wurden. Merke: *„Viele Tiere, viele Hirsche!"* Andere schießen jedes Jahr weit mehr, als in ihrem Abschussplan enthalten ist. Auf die Frage, warum sie denn keinen höheren Abschuss beantragen würden oder nicht den Abschuss-Pool des Hochwildringes offiziell nutzen, folgt dann eine sehr bodenständige Antwort: *„Wenn wir dauerhaft mehr Rot- oder Damwild schießen, kommt garantiert einer der Jagdgenossen auf die Idee, höhere Pacht zu fordern. Also halten wir die Klappe".* Das geschilderte Procedere des nicht beziehungsweise weit mehr Erlegens, dies darf ich Ihnen nach vielen Gesprächen versichern, kommt bei allen Schalenwildarten und flächendeckend vor! Aber wir wollten doch „gemeinsam bewirtschaften"?

Was ist seriös zu belegen?

Der Landwirt kann alles belegen. Seine Pachtpreise sind klar, die aktuellen Düngerkosten auch, die Rechnung für die Beregnung ebenso. Es gibt keine Unbekannten in der Bewirtschaftung seines Betriebes. Selbst die Rapsnotierungen an den internationalen Warenterminbörsen in Paris und Winnipeg sind auf Wunsch exakt ablesbar. Er „(be-)wirtschaftet" im besten Sinne.

Wir Jäger hingegen stellen Berechnungen voller unbekannter Variablen auf. Schon mittelfristig wird man sich überlegen, ob und für wen Abschusspläne überhaupt noch sinnvoll sind. Beim Rehwild ist die Diskussion da schon sehr weit. Hier geht der Trend zur Abschaffung.

Umgekehrt erfahren wir mehr politischen Druck, wenn die Jäger ihre Aufgaben – aus Sicht der Allgemeinheit (und die wählt Politiker, nicht allein das Häuflein Jäger) – nicht hinreichend erfüllen. Die unwürdige Debatte über Abschusspläne für Wildschweine ist so ein Beleg, die Diskussion über die Pille für die Sau oder Nachtzielgeräte ebenso. Viele Organisationen, Parteien, Verbände und Behörden haben sich des Themas Schwarzwild-Bewirtschaftung längst angenommen. SIE sehen Handlungsbedarf, die meisten Jäger immer noch nicht.

Die Waidmänner laufen wieder einmal Gefahr, dass ihnen das Heft aus der Hand genommen wird. Andere werden entscheiden, wie, wo und womit zukünftig gejagt werden muss. Ich sehe hinsichtlich des Rotwildes eine identische Entwicklung auf uns zukommen.

Da mag die Deutsche Wildtierstiftung noch so bemüht sein, „Freiheit für den Rothirsch" zu propagieren. Ihre Forderung, rotwildfreie Gebiete aufzuheben, ist ja, beispielsweise vor dem Hintergrund der genetischen Verarmung des Rotwildes, löblich. Nur in wessen treuhänderischen Hände wird dann das sich ausbreitende Rotwild gelegt? In die Hände der hegenden Jägerschaft. Wundert es da, dass Waldbesitzer gegen diese Pläne angehen? Und mit welchen tatsächlich belastbaren Zahlen könnten Jäger Ihnen entgegentreten?

Ein Waldbesitzer könnte, so er das denn wollte, seine Zahlen messbar machen. Die Zahlen der Jäger sind (wie eingangs erwähnt) komplett falsch, weil sie es sein müssen. Die Ausgangszahl war falsch, die Abschussmeldungen sind gefälscht, die Statistik muss falsch sein und folgerichtig die neuen Berechnungen für die „Freigabe für das kommende Jagdjahr zur Vorlage beim Landkreis" (den Hochwildringleitern sei dies ausdrücklich nicht zum Vorwurf gemacht!), auch – in summa alles schlimmer als eine Luftbuchung. „Bewirtschaftung" per definitionem sieht anders aus.

Wie viel Wild ist da? Die Antwort gibt der Lebensraum

Wir jagen hier, wie bereits umrissen, auf – aus Rotwild-Sicht – lächerlichen 239 Hektar. Folge ich allen Berechnungen, habe ich heute eine Wilddichte von X Stück Rotwild/100 ha, da sich tagesaktuell 100 Stück Rotwild hier tummeln. Am Folgetag jedoch sind Rudel mit zusammen 80 Stück wieder weggezogen. Welche Wilddichte habe ich dann?

Ja, ich hätte beides ausrechnen können, aber wie addiere ich fachlich korrekt das latent vorhandene Dam- und Rehwild hinzu? Wie hoch ist die „Netto-Gesamtwilddichte"? Wie ist diese vor dem Hintergrund DIESES Lebensraumes zu bewerten? Wäre (m)eine Wilddichte X andernorts tragbar, hier in der Umbau- und Kiefern- und Sandwüste aber nicht? Überall sinnieren Entscheidungsträger (ich meine die außerhalb der

Jägerschaft) nach einem Barometer, dass die Wildanzahl verlässlicher messbar macht. Letztendlich funktioniert nur ein Barometer besser, als alles Zahlenwerk: Der WALD selbst! Er sagt uns tagtäglich, wie es um unsere Schalenwildbestände wirklich bestellt ist. Wir werden andere Wege als das bisherige System finden müssen, wollen wir ihm tatsächlich gerecht werden ...

Ein Blick nach vorn

Wir werden weiter jagen, weil unsere Familie dies als höchst sinnvolle und zudem höchst erfüllende Aufgabe betrachtet. Wir werden weiter versuchen, flexibel auf Veränderungen zu reagieren. Drei bis vier ausgewachsene Frühjahrstrockenheiten haben unsere Bemühungen um Wildwiesen im zeitigsten Frühjahr vereitelt. Anderen ging es ebenso. Ich frage mich mittlerweile, ob auch forstliche Frühjahrspflanzungen, so weit es machbar ist, in den Herbst verschoben werden müssten. Wir denken jedenfalls darüber nach, zukünftig erst im Juni Äsungsflächen aufzuarbeiten.

Apopros flexibel: Neben der Leitung unserer Gesellschaftsjagd haben unsere Junioren weitere Aufgaben übernommen. Laufend neue Ideen fließen ein, das Revier hat dadurch sehr gewonnen. Daran muss ich gerade denken, als ich mit meinem Hund spazieren gehe. Plötzlich verhofft er und windet in einen Waldweg hinein. Kurze Zeit später überfallen fünf Hirsche das Gestell. Fragend schaut er mich an.

„Nicht heute, mein Lieber. Den April noch und danach gehen wir beide wieder jagen."

Dieses Buch begleitet Jäger und Rotwild durch ein Jagdjahr. Es zeigt Monat für Monat, dass es zur praktischen Umsetzung moderner Erkenntnisse im jagdlichen Alltag nicht zwangsläufig 1000 oder gar mehr Hektar Jagdfläche bedarf. Intervalljagd und Ruhezonen beispielsweise führen auch in »Normalrevieren« zu einer überaus erfolgreichen und störungsarmen Jagd. Zahlreiche Tipps zur Hege und zu rotwildgerechten Ansitzeinrichtungen helfen bei der praktischen Umsetzung.

Gleichzeitig stellt der Autor aktuelle jagd- und gesellschaftspolitische Fragen in den Mittelpunkt, die den Jäger vor Ort ebenso beschäftigen wie den Jagdreferenten. Gibt es tatsächlich einen Wald-Wild-Konflikt? Welche Jagdmethoden sind rotwildgerecht? Sind Güteklassen und Nachtjagd noch zeitgemäß? Jens Peter Burkhardt beantwortet diese Fragen fundiert aus seiner Perspektive und regt damit zum Nachdenken an.

Müller Rüschlikon

ISBN 978-3-275-01792-8

9 783275 017928

1995 (D)